U0312176

相机琐记

陈仲元 著

纪念135照相机发明一百一十一周年

人民邮电出版社

北 京

图书在版编目（CIP）数据

相机琐记：纪念135照相机发明一百一十一周年 / 陈仲元著. -- 北京：人民邮电出版社，2019.5
ISBN 978-7-115-50811-9

Ⅰ. ①相… Ⅱ. ①陈… Ⅲ. ①135照相机－技术史 Ⅳ. ①TB852.1-09

中国版本图书馆CIP数据核字(2019)第028232号

内 容 提 要

2019年是135照相机发明的一百一十一周年。135照相机是20世纪摄影界最伟大的发明之一，135照相机使新闻摄影、纪实摄影、野生动物摄影等得到了极大的发展。知名摄影家、摄影器材专家陈仲元和他的朋友多年来收藏了上百款独具特色的135照相机，这其中的一些照相机背后的故事，以及他和朋友们在使用和收藏过程中发生的陈年旧事，被娓娓道来，别有趣味。

本书适合广大摄影爱好者及照相机发烧友阅读。

◆ 著　　　　陈仲元
　　责任编辑　胡　岩
　　责任印制　周昇亮

◆ 人民邮电出版社出版发行　　北京市丰台区成寿寺路 11 号
　　邮编　100164　　电子邮件　315@ptpress.com.cn
　　网址　http://www.ptpress.com.cn
　　北京富诚彩色印刷有限公司印刷

◆ 开本：787×1092　1/32
　　印张：6.5　　　　　　　　　2019 年 5 月第 1 版
　　字数：96 千字　　　　　　　2019 年 5 月北京第 1 次印刷

定价：89.00 元

读者服务热线：(010)81055296　印装质量热线：(010)81055316
反盗版热线：(010)81055315
广告经营许可证：京东工商广登字 20170147 号

或许值得说一下这个显而易见的道理：照相机是我们了解摄影的关键。

——约翰·萨考斯基（John Szarkowski）

目 录

Contents

序

　　十年前我还在摄影杂志工作，每天骑车下班总要路过祥升行，有事没事进去看看，见到熟人就聊聊天。祥升行是一家专营摄影感光材料的商店，最早在王府井首都剧场院子里，后来搬到了北面一站地远的三联书店的隔壁，现在又迁到了宽街路口的东南角，当初祥升行是柯达胶卷在我国华北地区最大的经销商。一天在这里见到了柯达公司的于先生，他来抽检反转片的冲洗质量，忙完了他的事情，他跟我说今年（2008年）是135照相机诞生一百年。我说不对呀，徕卡相机出现在1923年……"在徕卡之前就已经有使用35mm电影胶片拍照片的事情了。"于先生这样说。还说他手里有一些翻译好的这方面的资料，过几天放在祥升行让我来取。一周后我拿到了这些资料，详读之后长了"姿势"。这一年的夏天，我们动员摄影爱好者以及相机收藏家搜罗过来一百台135照相机，在祥升行举办了一个叫作"百年135——经典照相机"的展览，还真的引来不少人过来参观。我查资料，给这一百台相机写了说明牌，之后补充文字出版了《百年135相机》图鉴，算是做了一件有兴趣的事情。

转瞬又是十年，135照相机诞生已经是一百一十一年了。这一类的胶卷相机在数码影像的时代里连尾声都过去了，但还是有一些朋友兴趣不减，那时候我们买135照相机真的很难，而现在又看到很多的朋友不断地体验着各种各样的，当年我们的那些"玩具"，还都是年轻人。我曾经询问过几位这样的胶卷相机爱好者，问他们为什么如此痴迷，得到的回答竟是"我们在体味胶卷时代获得影像的不容易"。想来也是这样，许多东西一旦到了"来之不易"，下到的功夫和想到的事情自然会多了起来。在一本书里，我看到大摄影家埃利奥特·厄威特

(Elliot Erwitt，也译为艾略特·厄威特）也是这样说："数码相机使摄影变得太容易……无论什么事情，只要一容易，就会使你懒惰。"

我自然不会鼓动别人一定要去拍胶卷，用135胶片相机学摄影，而回忆当初使用135照相机的经历，再结合如今使用数码相机的经历，仍然能够让我感受到摄影术在这一段时期的演进，是无意中的收获。祥升行的常经理说你应该再出一本书，写一些关于你自己与135照相机的故事。这一回可真是有些犯难了，我哪里有什么故事呀！好在年头久了，遇到过一些相关的事情，写出来您就权当故事听吧。当初的人，当初的事，当初见过、用过、听说过的相机，移到今天都是记忆或许也是念忆，再不写可能连我自己都忘记了。

除了所谓的"故事"，这本书里还收集了一些与"故事"相关的、是我体验过、觉得有兴趣的135照相机，在当年相机展览说明的基础上改写成如下的文章以供各位参考，您见谅！

安斯柯Memo像个小油灯

ANSCO Memo

\

十年前得于先生指点我开始关注135照相机,虽然这种相机我用了三十多年,之后陆续积攒了一些相关的资料,又上瘾收集了一些相机,当然也都是135。在当下的数码影像时代里,使用胶卷的135照相机已经是过景的摄影工具了,拿到手里的旧相机即便当初再辉煌,我也鲜有一定要用、要拍的心思,而是对着这些摄影术历史上的"标本",试着给自己捋出一条照相机进化以及摄影文化演进的线索。

　　也是十年前的事情,老常从外地淘回来一台相机邀我去长见识,拿出来放在桌子上一看,我不认识。竖长的机身上边顶着一个平视的取景器,一个精致的提梁,拎起来像个小油灯,黑色的压花饰皮像是牛皮,托在手里很轻。老常说这个相机买下来可不便宜,因为品相,也因为年代。我回家赶紧翻阅资料,在一本书末尾的地方找到了它,记述不多,但口吻严肃,书上说这是"美国的安斯柯公司在1927年开始生产的安斯柯Memo18mm×24mm画幅35mm照相机,使用木制材料制造,表面覆以黑色皮革,镜头的焦距为40mm,最大相对孔径是1∶6.3"就说了这些。顺着这条线索我又找到一些资料,才知道这个安斯柯Memo是当时市场效果最为成功的35mm胶卷照相机。安斯柯公司的名字我早就知道，这是一家做胶片感光纸的公司，也做照相机，后来被德国爱克发公司兼并做仪器去了。我冲洗黑白胶卷时，在书上查到过安斯柯的显影液配方，自己配制效果不错。

当时的照相机刚刚脱离了体积大而笨重的形象，使用电影胶片制造照相机的风潮才起。1923年出品了徕卡35mm的照相机，又确定了24mm×36mm的所谓标准画幅，但徕卡毕竟是价格高昂，而安斯柯Memo又是一个普及品的选择，但是疑问来了：按照电影画面尺寸设计的安斯柯Memo底片的画幅仅是徕卡的一半，是18mm×24mm的规格，加上那个年代胶片制造的水准有限，制作出来的大照片效果会好吗？但细想，安斯柯Memo这一类型的小相机绝不是新闻记者、摄影师的首选，不过是在为普通人的摄影活动而制造的轻巧的影像记录工具，对于一般的生活摄影也是足够了，市场效果当然会好。

由于"徕卡规格"的兴起，这样一类的"半幅"相机很快就消失了，然而随着135胶片技术的进步，各种半幅相机于20世

相机珍记

ANSCO Memo

纪50年代末再次复兴,日本的理光、奥林巴斯、雅西卡都曾有知名的型号出品,且产量巨大。

安斯柯Memo的设计不错,小巧精致,在早期35mm相机中可能也不是很便宜的东西,有资料显示这种相机的产量不低,但流传到现在的安斯柯Memo还是很少,毕竟时间太久了。老常在外地二手相机商店的一个角落中看到了这台安斯柯Memo,因为品相极好且仍可拍照,所以店家要价不菲。作为收藏,安斯柯Memo应是一件不错的藏品,它可以见证135照相机初期的设计思路,以及大批量小型相机在当时的制造工艺。

/ II

能讲故事的徕卡0号

Leica 0

说135照相机肯定是绕不开徕卡，虽然并不是它第一个用35mm电影胶片制造了相机，但是徕卡确实给后来的、现代135照相机的发展起到了很重要的作用，尤其是设置了一些式样、一些标准，比如那个24mm×36mm的底片规格。

徕卡公司成立于19世纪下半叶，以制造显微镜闻名。在1913年左右的时候，这家公司的显微镜设计主管奥斯卡·巴纳克（Oskar Barnack）受命制作了一个用于测试35mm电影胶片感光度的仪器，并且用这个仪器拍摄出了很多的照片。由于35mm电影的每一格画面（底片）只有18mm×24mm的面积，因而放大出来的照片粗糙、模糊，设计师斗胆将这个电影胶片感光仪的画框尺寸扩大了一倍，改成了24mm×36mm，这时才感觉照片可以放大出可以接受的效果了，而就此也确立了之后135照相机的底片尺寸规格。这就是徕卡静态照相机制造的前奏。

奥斯卡·巴纳克本人就是一位狂热的摄影爱好者，之前曾在蔡司公司工作过，很早就试验着将大尺寸的玻璃干版分格拍摄成小底片。这一次的电影胶片感光仪似乎是给他提供了一个不错的机会，以至于后人猜测他的设计就是为了拍摄照片的照相机。奥斯卡·巴纳克用这个"仪器"给老板恩斯特·徕茨一世（Ernst Leitz）拍摄了不少的照片，徕茨一世也有意将其作为照相机投入生产，不想第一次世界大战阻断了他们的想法，一直到了十年之后的1923年他们的想法才得以实现。

经过改进的第一台徕卡相机只试制了二十五台，可以调整开启宽度的帘幕快门有了几挡不同的快门速度，相机顶端设计了一个由方框和一个指针组成的取景器，快门上弦的时候需要盖上镜头盖，因为那个时候的卷帘快门还不能闭合，但这已经足够了，这就是徕卡的0号相机。相机启用了"Leica"的商标，据说是对老板的姓氏徕茨（Leitz）与照相机（camera）这两个单词拼合的结果。

只做了二十五台的徕卡0号相机并没有进入市场销售，而又经改进的徕卡A型照相机才是真正意义上的第一款徕卡照相机。徕卡是一个有故事可讲的相机品牌，就像汽车中的劳斯莱斯和法拉利。到了2000年的时候，徕卡照相机公司使用七十年前制造徕卡0号相机的模具重新复制生产了这种照相

机,并在当年的德国科隆世界影像博览会上展出,引得照相机收藏的爱好者们趋之若鹜。本书插图的这台徕卡0号就是这一次的复刻版相机。

徕卡0号的速度盘上标志的"2、5、10、20、50"分别表示1/20秒、1/50秒、1/100秒、1/2000秒、1/500秒的快门速度。折叠式的取景器颇似枪上的准星,专门设计的胶片暗盒则可以在明亮的环境里将胶片装入相机。虽然是可以正常使用的照相机,但是极少有人用这款相机去拍摄照片,限量复制的徕卡0号早已经成为相机藏家的珍品。徕卡0号虽然不是第一种使用35mm电影胶片的照相机,但是它的重大意义在于这种相机的出现带动了此类小型照相机的发展与普及,以至于135照相机风靡世界近百年。

相机珍记

Leica 0

相机物记

巧遇小徕卡

LEITZ minolta CL

一次，在东京街头，我接到了好朋友范梅强先生自北京打来的电话。

"您在北京吗？"

"在东京，出差。"我回答道。

"在哪儿转呐？"范先生又问。

"离晚宴还有一个小时，我在银座三越百货公司随便看一看。"

"您出商场的东门过马路，有几个特棒的中古（二手）相机店，您还不去那儿看看？"范先生这样建议。

范先生是京剧大师梅兰芳的外孙，随母亲梅葆玥学老生，毕业之后赴东瀛读书，回国后在央视担任戏曲节目的导演。范先生在日本迷上了摄影，喜徕卡，好哈苏，用尼康，买佳能，东京的中古相机商店他都熟悉。这次的电话成了指路的明灯，我迅速越过马路（是绿灯），一眼就看到了那家很大的中古相机商店。

突出店面的玻璃橱窗里面摆满了各式的经典照相机，进店来看，四壁的柜中也全都是历史上知名的照相机珍品。店里一位长者，满头银发，黑色的西装配上金色的领带，站立在满屋的各式照相机中间，显得颇有些派头。

在帮同来的朋友采购了几台心仪的相机之后，我竟也动起了购买相机的心思。时间紧迫，我在货架的顶层发现了一台徕茨·美能达品牌CL型号的135照相机，品相不错，带一支原装的40mm f/2的镜头，遮光罩也是原配橡胶折叠式的。

英语不好，日语不会，拿来一个便条本与那位老店员（兴许就是店老板）砍价。还真行，去掉了一个大零头，盘算了一下比国内的同样品相的相机便宜很多！老店员做了认真的检查，之后便是收款、包装、多谢、鞠躬，然后我一路小跑赴晚宴去了。

当时我正在撰写一本关于135照相机的书，对这台徕茨·美能达CL已经做过相当的了解，虽借来过朋友的徕卡CL把玩，但终究自己的手里没有一件"标本"，这回好了，无意中见到了真东西，就像是完成了一件重要的任务。

关于徕茨·美能达CL，我查到的资料是这样的：1973年，德国恩斯特·徕茨公司（即后来的徕卡照相机公司）设计了一个非M系列的小型相机，叫作徕卡CL，并委托日本美能达公司制造，设计师是徕卡公司照相机设计组的主管威利·施泰因（Willi Stein）。按照协议，在日本销售的这种相机名为徕茨·美能达CL，在日本以外销售的则一律标称徕卡CL。还有一种传说是徕卡CL在生产了一段时间后发现销路不畅决定停产，这时美能达建议用徕茨·美能达的标牌继续生产共同推广，于是就有了徕茨·美能达CL的这种相机。当时是一个争相制造小型相机的时代，徕茨·美能达CL（徕卡CL）的型号就是"小型徕卡"（Compact Leica）的意思，这种相机依然采取了经典徕卡M相机的镜头卡口以及基线测距器的取景调焦方式，但机身的小型化使得徕卡CL的测距基线只有32mm，可是这并没有影响相机的调焦精度。相机快门前面设计了一个可以左右摆动的测光臂，卷片上弦之后测光臂即位于帘幕快门前面的中央位置，半按快门即可进行中央重点测光（画面的7%），这时有一指针在取景器的右侧显示，调整机身前面的速度盘或镜头的光圈使这个指针位于标尺中间的缺口处，就可以得到正确的曝光组合。徕茨·美能达CL的测光装置源于之前徕卡M5相机中摇摆臂测光装置的设计，但是CL相机的内部

相机物记

LEITZ minolta CL

空间比M5小了很多, 据说为了把这一部件装进相机, 设计师卡尔·克略斯颇费了一番心思。

为了缩小体积, 徕茨·美能达CL的帘幕快门被设计成纵走式的, 范围是B、1/2~1/1000秒, 速度盘设计在快门按钮的前面。相比起徕卡M系列照相机的横走式帘幕快门的柔和, 徕茨·美能达CL的纵走式快门在释放时的声音略显尖锐了一些。

徕卡为这个相机专门设计了40mm f/2和90mm f/4两种"C"系列镜头, 过去的M型镜头也可以在这种相机上使用, 但是伸缩式镜头和一些广角镜头会因镜头后端过长容易影响测光臂的动作而不能使用。40mm的镜头视角介乎于广角镜头与标准镜头之间, 算是一个折中的方案, 再加上90mm的长焦距镜头, 徕茨·美能达CL套装的小巧概念就此得到了充分的体现。由于相机的品牌不同, 徕茨·美能达CL的镜头皆标注为美能达镜头, 而徕卡CL的镜头则都是徕茨的标识, 至于C系列镜头究竟是在哪里制造的, 至今也是众说纷纭。

这种小巧的照相机采用铝合金精密铸造了相机的抽拉式后盖, 而后盖上的皮饰花纹也是一次铸造而成。倒片旋钮深陷在相机的底部,卷片的时候绝不会感觉到它的转动。底盖中心是后盖的锁钮,提起旋转即可抽出这个一直包到机身前面的机身后盖。

在晚宴上,我与邻座的一位相机设计师交谈(中间坐着一位翻译呢),那时还没有现在的无反相机,我问他:"您是否也在考虑着相机设计的小型化?小型的数码相机如何可以更换镜头?"他说:"相机的小型化多少年来一直为设计师们所追求,现在的数码相机可以做得更小。"之后这位设计师又来问我:"你所希望的小相机是一个什么样子?"我拿出刚刚从马路对面买来的徕茨·美能达CL,他一把拿了过去,说这就是高级相机小型化的典范之作。

1980年,在徕茨·美能达CL(徕卡CL)完全停产之后,徕卡曾有计划出品徕卡CL Mark II,但最终徕卡还是否定了这个计划,转而去开发新相机徕卡M6了,而美能达公司则在CL相机的基础上制造出了具有光圈优先自动曝光功能的美能达CLE。美能达CLE改进了测光方式,相机后盖的开启形式改为铰链式,相机的体积也略有增加,美能达的设计师还为这种CLE相机设计了专用的28mm f/2.8 广角镜头和自动闪光灯,据说是移植了美能达XE单反照相机的若干电子技术。

徕茨·美能达CL、徕卡CL,以及后来的美能达CLE在那个时代的摄影师心目中都是地位很高的便携照相机,许多高级摄影爱好者也都以拥有这种相机为荣,是徕卡,非M,虽袖珍,亦高级。

我做摄影杂志的技术栏目编辑,当然喜欢相机,但一直对相机的收藏没有兴趣,总觉得照相机就是一个实用的物件儿,没有实用价值也就没有收藏价值,其实还有一个原因就是没有闲钱。

那为什么现在我还会接长不短地买回一些旧相机了呢?一是现在随着数码相机的兴起,胶片(胶卷)照相机的价值越来越低,像徕茨·美能达CL这样的相机过去怎么也得近万元的价格,而现在只要1/3的价钱就能够到手了。有一次我在北京一家二手相机店的角落里发现一台1934年产的柯达布朗尼方匣子照相机,品相真的不错,给了人家很少的钱我就拿回来了。

第二个原因是我发现通过研究旧相机,可以形象地了解

相机物语

LEITZ minolta CL

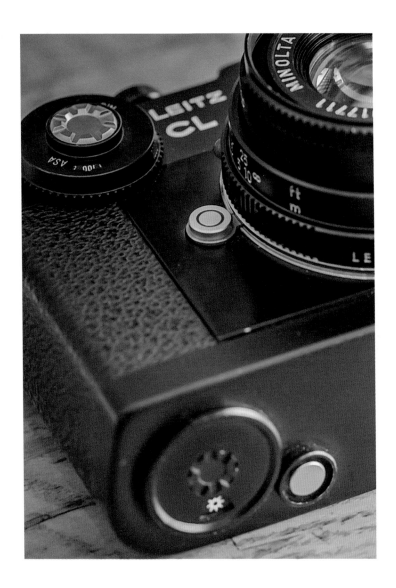

摄影术的发展历程,这些旧相机就是活标本。

第三个原因则是很多相机在我数十年前初学摄影的时候那都是我的梦,拿着几十元的月工资还天天想着那些几百上千块钱一台的照相机,那真的不是滋味,现在我的收入比以前提高了(相对的),而当初梦想的那些高级相机的价格比当初还便宜了,赶紧买回来算是圆个梦吧!

话说到此,还得补上一段。徕茨·美能达CL买回来了,比照书上说的还是少了一支90mm f/4的镜头,后来,在上海的二手相机店里面让我给找到了,因为是美能达的商标,售价极低。回来试拍,效果奇好!就这样,一套经典相机我感受到了,虽然晚了40年。

新买一台旧相机,可以研习摄影,可以学习历史,可以感受经典,可以珍藏记忆。

/ IV

相机物记

吴先生的徕卡M6

LEICA M6

\

我第一次见到徕卡M6已经是20世纪80年代末了,之前只是在图书馆里的国外摄影杂志的广告中领略过它的芳容。好像是在1988年底的样子,那时候我三十出头,遇到事情反应慢而性子急,做事情总想着"立刻",办事情都是一路小跑。收发室来电话说来了一封挂号信,袁老师要我取回来看,我又是快步下楼。当走到二楼楼梯的转弯处的时候,我突然停了下来,眼睛直勾勾地盯着一位走上楼来的人胸前挂着的徕卡M6。来人个子不高,与我相仿,看上去有四十多将近五十的样子,双手插在黑呢子大衣的斜兜里面,分头梳理得就像是刚出了理发馆。

"请问袁主编在哪一个房间办公?"来人轻声问道。

"哦,我带您去吧。"我回身将他引到袁老师的办公室。

取信回来,袁老师介绍我认识了吴先生,后来我俩成了熟人。

吴先生自美国来,早年学音乐,是舞剧团的演奏员,后来留学美国,之后留在那里做了职业的摄影师,跟袁老师一直是书信往来。此次回国是要举办他的个人摄影展览,特地来请袁老师出席开幕的。

吴先生的徕卡M6随手放在桌子上，任我随意摆弄。M6的机身搭配上一支50mm f/1.4的镜头，拿在手上沉甸甸的像是一块切割成相机模样的金属坯料。看我兴趣所致，他还在与袁老师聊天的空隙给我讲解这台新买回来的徕卡相机。

徕卡M6于1984年出品，是徕卡M4P的换代产品，外观与M4P相比几乎没有任何的变化，而最为重要的改进是加装了新的测光装置，这种相机前后生产了二十年。

徕卡M6是那个年代最知名的测距器式机械控制135照相机，简单、可靠，再加上口口相传的光学品质，使得这种相机几近神话。没有人抱怨徕卡M6延续了1954年徕卡M3的保守设计，也没有人希望徕卡M6增加自动调焦的功能，使用这种相机的人涵盖了最为专业的摄影师、摄影记者，以及能够买得起、用得起它的业余摄影爱好者，所有的这些人似乎都觉得徕卡M6是最为完美的135照相机。而此时的日本照相机都已经装上CPU（中央处理器）进入自动调焦了，但是这不会影响德国人对于照相机的经典认知——照相机是用来拍照片的，照相机有了这点儿功能也就够了，徕卡M6的简单可靠能够满足

相机琐记

LEICA M6

徕卡拥趸们的需求,事情好像就是如此的简单。

　　徕卡M6的测光系统设计是独特的,简单而又准确,每当给相机上满弦后,印制在卷帘快门上的灰白色反光圆点便显露出来(圆点的直径为12mm,约占画面的23%),通过位于快门上前方的测光元件进行测光,设置在相机后背的胶片感光度设定装置标称的范围是ISO6~6400,在取景器里安装的左右两个红色三角形发光二极管可以显示测光结果的5种状态,使用者可以根据这两个横置三角形红灯所指示的方向,去调整镜头上的光圈环,以得到正确的曝光参数。

　　徕卡M6的取景器里面有三组可以变换的取景框,分别对应6种焦距的镜头,视角更大的21mm和24mm镜头使用时则必须要使用安装在闪光灯热靴上的独立取景器。

　　常见的徕卡M6有小型速度盘的徕卡M6早期型号,改用大型速度盘的徕卡M6 TTL(加装了自动闪光控制功能),以及1994年出品的徕卡M6J仿徕卡M3外观设计的纪念型限量版相机。

　　徕卡M6当然是一个成功的135照相机,在单反照相机盛

相机琐记

LEICA M6

行的年代里，徕卡M6是唯一一种得以生存的机械控制的专业135旁轴取景照相机，这种相机成为了摄影记者的高级装备，它的轻便、可靠、小巧以及优异的影像品质，都成为包括爱好者在内的摄影者争相追逐的诸多理由。在徕卡M6之后，有了电子快门且自动曝光功能的徕卡M7，又有了数码相机徕卡M8、M8.2、徕卡M9和M，虽然这些机型脱离了精密的机械设计，但却都沿袭了徕卡M6的光荣传统，那就是"在操作中摄影"。

自打三十年前第一次见到吴先生的徕卡M6，之后我也曾多次用过这种相机实际拍摄，当然都是借来的，有时是为了写文章向读者介绍它，更多的则是希望自己可以在使用中认真体味徕卡M6的魅力。几年前出差去日本东京看展览会，傍晚回酒店的路上同行的小林拽我去了银座附近的一家中古相机店，说昨天看好了一台徕卡M6，犹豫不定，让我去给出出主意。店主人取出相机，我一看，竟是一台表面镀钛的包着鸵鸟皮的限量版，跟全新的一样，但标签上写的是A-。细一问，才知道是因为没有了包装盒子的缘故，换上一枚新电池，测光没有问题，装上镜头，调焦测距也都正常，看看价格是真便宜，我赶紧催着小林刷卡付钱。回到酒店饭点儿都过了，但这钛版的M6我还是没有看够。

有着光圈优先全部电子化的徕卡M7，我就没有太多的兴趣，虽然用着方便，但就像石英手表，走时准确却没有了机械上弦腕表手工艺的精致，少了工匠打磨调校的心境，电子表就是一个实用的工具。M7出品之后有人猜测徕卡的M系列照相机还会设计多种曝光模式，这时徕卡又往回走了一步，出品了外观与徕卡M3相似的MP相机，一下子又将时光回复到了50年前，这个德国徕卡照相机公司在数码影像时代制造的"老相机"——徕卡MP终于为经典的机械式旁轴取景135胶卷相机画上了一个圆满的句号。

现在已经是数码摄影的时代，是手机摄影的天下了，我却仍然常见许多人还在用徕卡M6拍照片，是年轻人。

相机琐记

Leica MP

相机琐记

Leica MP

/ V

相机物记

柜台里的雅西卡FR

YASHICA FR

\

现在买一台照相机已经不是事儿了，因为相机都不贵，许多很好的数码相机比手机还要便宜，究竟是要用相机拍照还是用手机已经没有人去争论这个事情了。但曾几何时照相机真的是奢侈品，反正我是经历过有钱买不着相机和根本就是钱少买不起相机（比如我）的时代。

大概是在20世纪80年代初，我已经爱好摄影有几年了，用家里的那台40年代的德国120折合式相机练习摄影。相机太旧总出毛病，皮腔漏光还得到处找材料修补，120的胶卷也贵，而且一卷才拍16张，我向往着自己哪一天能够用上摄影记者那样的135照相机。这时候商店的柜台里面已经摆上了进口的照相机，品种少极了，也贵极了，我抽空蹲在柜台外面（价格便宜、好卖的东西放在上面，贵重的都在柜台的底层）好好看看还是能够做到的事情。有一天，别人告诉我说，百货大楼来了一台进口的135照相机，说是特别好看，我就赶紧骑车奔过去。照相器材在四楼，没电梯，跑上去一看是日本雅西卡的135单反照相机，相机被放在柜台的底层，因此也只能蹲着看。这次来的相机不是一台是一套，机身亚光黑色，配一支50mm

相机物语

YASHICA FR

f/1.4的标准镜头，另有28mm和135mm两支镜头，价签上写的是5200元，闭眼心算了一下大概是我80个月的全部工资，买不起。时常去看看也还过瘾，每次只花五分钱的存车费就行了。此时家兄买回来一本叫作《国外新颖照相机》的小书，是翻译国外杂志上的资料编写而成的，我从这本书中查到了这台雅西卡FR（YASHICA FR）搭配50mm f/1.4镜头的价格是645美元，在那个年代，这个价格哪国人买起来都费劲。

雅西卡FR当时是这个品牌的高级产品，这时候位于日本东京的雅西卡照相机公司已经与德国蔡司公司合作制造康泰时（CONTAX）135单反照相机，最高级的型号是康泰时RTS，是一个电子控制帘幕快门、具有光圈优先自动曝光功能的极致产品，集最新的电子技术于相机之中，它是当时最先进的专业相机之一，售价不菲。到了20世纪90年代末出了RTS III，高级陶瓷的胶卷压片板居然有真空吸附功能，依然位于新技术的前列。蔡司的品牌即便是日本制造也便宜不了，于是雅西卡公司就利用康泰时RTS的技术制造了雅西卡FR，它算是一个康泰时相机的简化版本。

雅西卡FR使用的是康泰时的电子控制帘幕快门，速度范围是B、1~1/1000秒，没有康泰时RTS的光圈优先自动曝光功能，保留了多次曝光、电子自拍、景深预测等功能，电磁释放快门的按钮大而舒适，取景器里面有发光二极管显示测光状态，采用的是硫化镉的测光元件。雅西卡FR的体积适中，制作精良，有德国风，虽然不是一线品牌但一眼看去也是颇为高级的相机风范。当时雅西卡还有一个FX系列的135单反照相机，等级低于FR相机。如此一来雅西卡就有了康泰时RTS高级系列、FR的中级系列，以及FX的普及系列这三个135单反照相机的系列产品。

雅西卡FR后来又发展出FR I和FR II两个型号，三个型号在功能上各有取舍，它们形成了一个系列，但时间不长便停止了生产，只剩下康泰时与雅西卡FX这一高一低两个系列的众多型号。

雅西卡单反照相机的系列镜头在引入康泰时单反照相机之后改用ML卡口，与康泰时相机卡口兼容，所以ML卡口也有Y/C卡口的称谓。FR时代的ML镜头的设计、制作都很精细，

相机物记

YASHICA FR

而FR相机停产之后,再看为FX相机制造的镜头,感觉是朝着普及产品的路子走了。

几十年前蹲在柜台前观赏雅西卡FR的情景像是定格成了照片,之后再也没有见到过这款相机,挺想念的,去国外的旧相机店也打听过,未果。但是几年前,在一个二手相机交易会上我看到了一台雅西卡FR,还带着一个有故障的电动卷片器,机身运作正常,品相不错,价钱也便宜,我即刻掏钱买了下来,这一回它只是我月薪的几分之一。可惜不是那种亚光、全黑的机身,遗憾搭配的镜头也是后来给FX系列的那一代相机设计的50mm f/1.7的标准镜头,我又去到处搜寻FR年代的55mm f/1.2或50mm f/1.4,依然未果。

雅西卡照相机公司后来并入日本京瓷株式会社,依然生产康泰时与雅西卡两个品牌的照相机,有135的,有120的,以及135的半幅(18mm×24mm底片)照相机。进入到数码相机时代,雅西卡的相机产品不多,后来几近匿迹。

VI

相机物语

温大夫说起了佳能AE-1

Canon AE-1

\

我静静地趴在手术台上，医生在我背部的皮肤上消毒，之后是局部麻醉，然后告诉我手术即将开始，有何不适就说话。我长了一个稍大一些的皮下囊肿，好多年了，本不是病，但最近变软发红，怕是要感染，医院建议手术。主刀的医生姓温，小我几岁，是同一代人。他说您这本来就是一个门诊手术，岁数大了又是第一次开刀，怕您紧张，所以安排在住院处来做。温大夫事先知道我过去曾在摄影杂志工作，还看过我写的关于照相机的文章，手术一开始就跟我聊起照相机的事情，还是为了消除我的紧张情绪。

温大夫说，他年轻的时候最大的兴趣就是买摄影杂志了解相机，跑商店去看相机，之后就是跟朋友侃相机……"这个毛病我跟您一样。"我回答道。

温大夫说，每个月从财务处领回工资，望着那个装着钞票有零有整的工资信封，脑子里就开始盘算这些钱能够买一支什么样的镜头，攒多长时间能够买一台什么样的相机……"这个毛病我也有过。"我又回答。

温大夫说，终于有一天脑子一热，取出积蓄买了一台佳能单反AE-1……"是AE-1 Program（程序）吧?绿色的字,这款相机的棕色软牛皮套特别好看。"我问他。

"就是AE-1 Program。相机的皮套要另外买,钱不够了。"温大夫说。

"我有一台不带程序曝光的AE-1。"我侧过脸来对他说。

"不带程序曝光的AE-1更精彩呀,那是原型机,现在二手店里卖得很贵呢。你是从哪里搞到的?"

1976年出品的佳能AE-1是日本佳能公司135单反照相机制造历史上的一个重要机型,这是第一种使用微电子中央处理器（CPU）的135单反照相机,也是第一种采用模块化生产的电子化单反照相机,从此,135单反照相机进入到了微电子自动控制曝光的时代。早期一九七几年的报道说,佳能AE-1是机械手组装的,有很高的一致性,我信了。但前几年参观佳能的照相机工厂的时候才知道现代照相机的生产还都是生产线模块化人工组装的。

佳能AE-1在当时也是一种小型化的单反照相机,但比起同时代的其他品牌相机似乎还没有小型到位,而人体工程学

相机物记

Canon AE-1

理论导入到这台相机的设计里面,无论是快门速度盘的调整,还是曝光补偿、手控测光,都可以在拍摄状态手不离机地进行操作;后来在佳能AE-1 Program机型上加装的持握手柄,又将人性化的设计推进了一步。

佳能AE-1是一款具有全手动控制曝光以及快门速度优先自动曝光功能的中档照相机,测光装置在取景器内用一根上下摆动的指针显示,用速度优先自动曝光时只要把镜头光圈环上的A予以锁定,设定需要的快门速度,相机的光圈会随着不同的光线变化而自动调整。在相机镜头座左手拇指的位置有上下两个按钮,上面的是曝光补偿按钮,按下之后固定补偿+1.5EV,但不能进行负值的补偿,这是一个简便的设计;下面的按钮在手控曝光的时候用于测光,由于年代的关系,AE-1的测光并不与光圈联动,需要根据测光值手动调整。佳能AE-1的自拍器是电子式的,将快门锁向里推就打开了自拍器,按下快门后机顶的红色显示灯闪亮,直至快门开启。

佳能AE-1带领着佳能单反照相机进入到微电子自动控制的新时代,之后又制作了光圈优先自动曝光的佳能AV-1、电子快门手控曝光的佳能AT-1,具有程序自动曝光功能的佳能AE-1 Program,直至具有5种自动曝光模式的高级135单反照相机佳能A-1。1982年,佳能最后一款A系列相机AL-1登场,它具有调焦显示功能,是自动调焦的前奏。

原型机佳能AE-1在世界范围内总共销售了大约530万台,这是一个破纪录的数量,但这款相机并没有正式进入中国销售,在我国市场上能够见到的只是稍晚一些(1981年)出品的AE-1 Program,就是温大夫买的那一种。AE-1 Program在AE-1的基础上增加了程序式自动曝光,外观设计稍有改动,快门速度盘移出卷片扳手独立设置,机顶取景器更加圆润,电池仓的外面设计了持握手柄,套机多以一支35-70mm的袖珍变焦镜头为标配。这是我记忆中的事情。

再来说我的那台佳能AE-1。

由于不容易找到,就越发引起我对于这种相机的兴趣。我发现越是产量大的相机,年代一久就更不容易找到了,大家或许是见得太多,谁都不注意收藏。我在香港的二手相机市场见到过一台AE-1,品相太差;又在东京中古相机店遇到过一台,取景器发霉了,擦不掉。在北京每年一次的春季二手相机交易会上,我在一个天津朋友的摊位上看到了现在的这台AE-1,8.5新,配50mm f/1.8的镜头,当场试过,没毛病;要价一千二,因为镜头的调焦环有擦痕,我说八百,人家没搭茬儿,把头一扭不理我了。自觉没趣的我继续去别的摊位逛。就在这时起了大风,云彩上来,马上就要下雨了,露天的交易会乱作一团,大家忙着收摊儿。我正要找地方避雨的时候,背后有人拍了我一下肩膀,回头一看,是卖AE-1的摊主,手里托着相机对我说:"您老八百块拿走行吗?"我二话没说买下了AE-1,还外搭了一个皮套。豆粒般的雨点倾泻而下,我在避雨的屋里端详着这台相机……

终于找到了AE-1,但我心里又是有些愧疚,因为突来的大雨买到的便宜,好像多少有些乘人之危强取豪夺的意思,有那么一点点……

改天还得拿着我的这台佳能AE-1去和温大夫的佳能AE-1 Program做一个实际的比较……再聊聊。

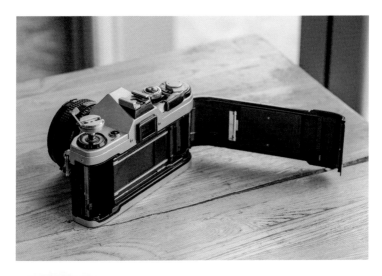

相机物记

Canon AE-1

相机琐记

Canon AE-1

VII

相机琐记

我进入了135照相机的世界

EASTAR S3 / Seagull DF / Nikon FE

前面的文章里说到过，我练习摄影是从120胶卷相机开始的。十六七岁，突然就对拍照片产生了兴趣，于是父亲就把他上大学的时候在地摊上花银元买的那台蔡司制造的120相机拿出来给我用。一定是因为年头太久了，这台相机到了我的手里总出毛病，父亲手巧，会修手表也会修相机，但没完没了地修，他也烦了，就鼓动着我再买一台新相机。这时候，人家给了我一张"中外商品对比展览会"的门票，印象最深的是在照相机对比的展柜里面摆着两台猛一看差不多的照相机，一台是徕卡的M4，另一台是天津生产的东方S3。那时候我已经参加了工作，回家蹭吃，攒有闲钱，父亲多少又赞助了一些，于是我买回来一台"东方S3"，这回是135照相机了，一晃儿已经是四十年前的事情了。

东方相机不能换镜头，是一支固定的50mm f/2.8标准镜头，双影重合测距器手动调焦，我以为这就跟徕卡差不多了。常在一起交流摄影的朋友里面有一位薛君，工作是在半导体收音机的工厂里做电路板的照相制版，多少跟摄影沾了点边儿，人家买的是仿造日本美能达的海鸥DF，是135的单反照相机，比我的东方S3贵两倍! 一块儿出去拍照，放大成照片一看，比我用东方相机拍出来的层次要丰富很多，影像显得很柔和，于是我就在胶卷的冲洗配方上下功夫，改用反差低一些的柯达D-23冲胶卷，用2号相纸做照片，但还是出不来海鸥DF的意思，此时我体会到了不同相机之间的差别。

后来我也有了海鸥DF，也拍出了薛君那样的照片，但新的麻烦是海鸥DF相机自身的问题太多，卷片不到位按下快门就容易卡壳，里面的压片板经常会划伤胶卷，用了不长的时间相机蒙皮就开胶，挺烦的，于是又开始想着换相机了。那时市场上常见的有理光CR-10和简易的CR-5、雅西卡FX-3、玛米亚ZM，咬咬牙也还都能买得起，但是看到用这些相机的朋友拍出来的照片，还是不能让我兴奋起来。这时有一位摄影师出让一台用得很旧了的尼康FE，犹豫再三我买下了这台相机，不贵，但仅是机身，又是薛君，他介绍我去一家兼营摄影器材的照相馆，我打折买回来一支在柜台里放了很久的尼克尔35mm f/2.8的镜头，这才算踏实了下来。这台二手的尼康FE我用了有十年的时间，它从未出过毛病，直到又买了尼康

相机笔记

EASTAR S3

Nikon FE

FM2。接下来又用过佳能、宾得的若干型号，直至体验仰慕已久的徕卡相机，这都是到了摄影杂志社之后的事情了。

海鸥DF出自上海照相机总厂，这种相机源于20世纪60年代的"上海60-2"型135单反照相机，原型机是日本的美能达SR，1964年改型号为"上海DF"，据说后来是因为出口的需要，才改商标"上海"为"海鸥"。

海鸥DF不是中国制造的第一种135单反照相机，但是在那个年代里它却是结构最为复杂，而且工艺水平最高的国产135单反照相机。我后来收集的这台海鸥DF大约是20世纪70年代中期的产品，与我第一次使用的那一台一模一样，其显著的标志就是使用了汉字"海鸥"作为商标。到了20世纪70年代末的时候，这种相机则改用英文Seagull（海鸥）为商标了，机身左侧的型号也变成了空心体的DF-1，标准镜头从我用的那种海鸥DF的58mm 1：2改为50mm 1：2。与这种相机一同出品的还有35mm 1：2和135mm 1：2.8两种可交换镜头，一套近摄接圈，后来还有一种海鸥品牌的500mm 1：8的折反镜头与之配套。

海鸥DF单反照相机采用横走式卷帘快门,快门范围包括B、1~1/1000秒,有机械式自拍器,顶端的闪光灯插座并非热靴,机身一侧设计有电子闪光灯和一次性闪光泡的两个连线插孔,需使用连线方可正常闪光。相机卷片扳手的工作角度超过180°(所以我总是扳不到位);镜头座右侧是反光镜预升开关,而景深预测的控制按钮则设计在镜头上了。相机底盖有可以连接卷片器的装置,但是没有实物显示海鸥DF存在自动卷片器。

单就当时的功能而言,海鸥DF已经是应有尽有,但制造水平比较当时的日本相机仍差距巨大,相机的材料以及工艺都无法满足专业摄影的需要,其后虽几经改进都没有太大的变化,直至上海照相机总厂引进了美能达X-300单反照相机的技术以及制造装备之后,海鸥DF系列相机的工艺水平才有了一个跃升式的提高。

汉字商标的海鸥DF相机所匹配的58mm 1:2标准镜头的影像呈像表现非常之好,使用它拍摄黑白照片可得细腻的影调,影像的层次也很丰富。

相机物语

Seagull DF

童年记忆中的基辅IV2

KIEV IV2

偶然间在摄影器材城的一家二手相机店看到了这台基辅IV2相机，品相尚可，全无故障，随机的标准镜头有点儿磨花了，还少了一个收片轴。老板是熟人，说去帮我找一个收片轴，我用很低的价格买回了这台相机。

基辅IV2原本不在我的采购计划之内，近年来市场上也少有它的踪迹，因为对它感兴趣的人并不多。我之所以收来这台相机，是因为童年时期的一点儿记忆，是二哥曾经有过这样的一台相机。二哥是堂兄，大我一轮，就是大我十二岁，他大排行为二，我行五，他若还在应该是七十往上的人了。二哥个子很高，从小好运动，上初中的时候被排球队选拔走了，后来膝盖受伤转业去了电影制片厂，就是在那个时候他去委托商店买回了一台基辅IV2，瞅机会跟摄影师要点儿电影胶片，回家来在被窝里将胶片缠进暗盒放进相机里面，然后去拍照片。二哥的摄影是跟二姐夫学的，二姐夫是画报社的摄影记者，人家用徕卡。

那个年代的家庭里很少有用135照相机的，135的底片小，放大照片又太贵，要买都是买120的，120的底片大，用底片直接印出来的相片就可以用了。二哥之所以要买135的基辅IV2，就是想蹭点电影胶片来拍照片。那时候我觉得他的相机真是漂亮，银色的机顶闪闪发光，上面还有一个测光表，碰一下开关测光表的前盖就跳起来了。二哥总将相机放在西屋里间他的写字台上，我经常趁他不在屋子时过去看看，这就是所谓的小时候的记忆吧。

基辅IV2型照相机由现位于乌克兰首都基辅的阿尔谢纳尔光学机械厂生产，制造的年代大约在20世纪60年代，原型机是知名的康泰时IIIA型照相机。

第二次世界大战之后，苏联缴获了德国蔡司公司的照相机生产线，在乌克兰制造与康泰时旁轴135照相机完全相同的基辅品牌照相机。这种形式的基辅照相机从1947年开始生产，近四十年间先后生产了上百万台十几个改进型号的照相机，以及数种配套镜头。

基辅IV2型135照相机装置有固定的测光表，快门依然是当初康泰时设计的纵走式金属帘幕快门，要想调整快门速度必须在卷片上弦之后提起速度盘才能重新设置为其他挡位。

相 机 物 记

KIEV IV2

基辅IV2没有固定的胶卷收片轴，装胶卷时要卸下片轴插入片头。我收集的这台基辅IV2至今仍可正常使用，蔡司设计的金属卷帘快门的声音小极了，运转起来也很顺畅；相机的调焦方式是测距器双影重合的方式，操作时用右手中指按下快门前面、机身上沿的开关，同时顺势拨动带齿的旋钮，镜头便会随之转动进行调焦。林铭述老师告诉我，这是一个绝妙的设计，如此操作可以避免右手的中指挡住测距器的窗口。

基辅IV2应该是仿造康泰时旁轴135照相机的终结版本，之后的基辅V型相机脱离了康泰时相机的影子，完全成为苏联设计的新产品了。"改进"的型号虽加入了内测光装置，但是此后的基辅旁轴照相机却丢掉了康泰时相机精致、细腻的高级形象。至20世纪80年代中期，基辅的这一个系列的135照相机以设计落后和粗糙的形象停止了生产。

话分两头说，我一直认为康泰时的这种旁轴取景135照相机一点都不比当年的徕卡相机差，尤其是到了后来，康泰时IIIA型照相机已经是非常现代的样子了，但其市场效果就是没有比过徕卡。而这个相机由苏联进行制造以后，则一点进步都没有，虽然生产的数量并不少，但工艺水平却不如德国蔡司。早期的基辅IV2还有些康泰时相机的风韵，再加上我童年的那点记忆，买一台回来或可以仔细地端详一番，琢磨一下那个时代的照相机的设计思路和制造水准。

二哥的那台基辅IV2后来坏了，是那个帘幕快门散架了，根本就没有办法修复，成了书柜中的摆设，因此他又买了新相机。几次搬家后，二哥的基辅IV2就不知了去向。

IX

相机物语

我也用过禄来35

Rollei 35

相比较摄影术发明之初人们拉着一马车的各种器材外出照相,135照相机出现的最大贡献是一下子让相机小了下来,相机小了便于携带,可拍摄的题材也就多了,拍摄的方法也就灵活了,影像的文化也因此发生了重大的变化。当然,没有电影胶片的发明也就不会有这种后来被称作135的照相机。

前面说到1927年出品的安斯柯Memo已经很小了,但它是半幅的底片;徕卡倡导的是24mm×36mm的翻倍的"全画幅",但相机的体积还是大了。相机越做越小,135全画幅相机究竟能够小到怎样的程度呢?在20世纪60年代,德国禄来公司制造的禄来35相机给出了答案,即相机的宽度等于底片的长边(36mm)加上两个135胶卷暗盒的直径,这个说法其实还没有算上相机的外壳。虽然那个时候已经有了更小的110胶卷相机,但是135照相机当时还是主流。禄来35相机不但体积小,而且制作得还很精致,设计也有特点,再加上蔡司公司给设计的镜头,禄来35成了当时的时尚产品,连英国女王也用这种相机拍照片,算是给禄来35做了个大广告。

禄来35在那个年代里确实是体积最小的24mm×

36mm"全画幅"135照相机,为了缩小体积简直是想尽了办法,冲压制造的卷片扳手紧贴机身,倒片装置也设计成了折叠的形式,镜头平时缩在机身里面,拍照的时候要先拔出来才行,总之一切设计都是为了这个"小"。

禄来35相机配置的镜头为蔡司品牌的松纳或天塞结构,焦距是40mm,两种镜头的成像品质都相当好。最初的禄来35相机配置的镜头都是有着四片三组的天塞结构的40mm f/3.5镜头,在德国生产,大约到了20世纪70年代,禄来35相机转至新加坡的禄来工厂制造之后,又有了应用松纳结构的40mm f/2.8镜头的产品。但直到现在还可以在市场上见到全新的纪念版禄来35相机,据说每年限量制造的这种豪华相机不会超过一百台。

禄来35有很多型号,既有机械式手控曝光相机,也有光圈优先自动曝光的品种。早期的禄来35将闪光灯热靴设计在相机的底部,卷片扳手则必须用左手操作,机身正面的两个旋钮分别控制快门速度和光圈,镜头在拍照时需从机身内拔出并锁紧,调焦是目测手动的形式。对于现今的摄影者,禄来35

相机笔记

Rollei 35

的操作方法着实需要学习一番,用现在的话说算是"很有操作感"了!

在2000年的前后,二手相机市场上出现了大量的禄来35,喜欢胶片摄影的爱好者争相购买,把价格炒得很高。凑机会,我跟着起哄也买过一台新加坡制造的禄来35,拍过一个胶卷发现卷片时有打滑的现象,有的底片多次曝光了,就赶紧送回店里退掉了。后来又买了一台,拍了没几个胶卷就被朋友看上,于是匀给他了,此后再也没有碰到一台合适的禄来35。

X

高级廉价的理光GR1v

Ricoh GR1v

想当初，我费了很大的劲儿帮老黄买的这台理光GR1v又回到了我的手里。

这事说起来都快二十年了，在东北一地方报社当摄影记者的老黄求我帮他买一台理光GR1v，由于之前的理光GR1s宣传到位再加上良好的口碑，到了新机型——理光GR1v出品时，这种相机竟然成了紧俏的东西，我找朋友弄到一台，买回来托人带给了老黄。

20世纪90年代，各个相机厂家又开始了新一轮的高级袖珍135照相机大战。徕卡、美能达、柯尼卡、康泰时，加上原本就是袖珍相机的美乐时，相继出品了号称高级的小型化135照相机，理光的GR1也参与其中。

理光是日本相机阵营里面的老品牌，最早靠制造感光纸起家，继而进入照相机领域，致力于普及型照相机的开发，取得了不俗的业绩。理光的若干个型号的照相机都曾获得过年度销售冠军，但是也落下了低端产品的名声。有的书里面给相机、镜头划等级排队，把理光相机划分在三等以下。20世纪80年代初期，我国从日本进口的135单反照相机里面，最便宜

相机珍记

Ricoh GR1v

的就是理光CR-5, 销量大却名气不大。到了20世纪90年代中期的时候, 理光先是制造了一支徕卡M卡口七片四组28mm f/2.8的高级镜头, 大受好评, 紧接着推出了高级别的GR1袖珍相机, 说是用的也是那支镜头, 相机的性价比高, 加上营销推广的力度不小, 这种相机又是大获成功。

理光GR1的机身是用铝镁合金制造的, 又创造了同级别相机厚度最薄的纪录; 相机还设计了T快门, 在液晶屏上有读秒的显示, 电动卷片可自动倒卷, 包括全手动曝光在内的多种曝光模式, 招致许多职业摄影师用理光GR1替代了他们单反照相机的广角镜头。而在业余摄影爱好者的眼里, 理光GR1又是一种廉价的高级袖珍135照相机, 大家都以拥有这种相机为荣。

之后理光推出了改进型的理光GR1s, 增加了专用的滤光镜、遮光罩等附件。大约是在2000年, 理光GR21诞生, 这是一个装有21mm超广角镜头的理光GR1, 摄影大师森山大道有一段时间就使用理光GR21拍照片。与GR21同时出现的还有GR1v, 这是理光GR1系列相机的最后一次改型, 增加了手动胶卷感光度设定功能。

初期的理光GR1爱出毛病，取景器与液晶显示问题最多，镜头回缩不到位的情况也有，弄得我经常帮朋友找维修站、催修理的时间。到了理光GR1s的时候，上述问题就都解决了。

理光GR1v的体积为117mm×61mm×26.5mm，质量是177克（不加电池），关机之后镜头完全缩回机身之内，可算是135胶卷相机中的"卡片机"。

老黄买来的这台理光GR1v基本上没有使用，采访时他还是习惯了用135的单反照相机，再加上没几年大家都换成了数码相机，他就更没有了使用GR1v的机会。得知我要张罗135的相机展，老黄一个邮包又把相机给我寄回来了。

到了数码时代，理光还在做相机，甚至还收购了日本宾得公司的数码相机业务，这时又借着当年GR1的名义制造了GR系列数码相机，后来还在相机里面设计了森山大道的粗颗粒黑白模式并受到追捧，可见这理光GR1系列的135胶卷相机对于这个品牌产生了多大的影响。

/ XI

奥林巴斯XA当年很时尚

OLYMPUS XA

\

奥林巴斯在日本靠制造显微镜起家，成立于1919年，在20世纪40年代末开始进入135胶卷相机的研发、制造，20世纪50年代的几款120相机大获成功，包括单镜头折合式照相机和双镜头反光照相机。20世纪60年代，奥林巴斯出品了135半幅（18mm×24mm底片）相机——PEN，这种相机最终做成了一种特殊结构的单反照相机，就是知名的奥林巴斯PEN-F。这个豪华的PEN-F给奥林巴斯带来了极高的声誉，至今奥林巴斯还在以PEN-F的名义推广最新的PEN-F数码相机。20世纪70年代，这个品牌进入新一阶段的高级小型135照相机开发工作，1972年出品的奥林巴斯OM-1创造了当时体积最小单反照相机的纪录，而之后的XA系列旁轴取景袖珍相机也是名噪一时。

奥林巴斯XA135袖珍相机于1979年出品，在当时开创了自动曝光高级135袖珍相机设计的新概念：超小的体积（100mm×60mm×30mm不包括外接闪光灯）、圆润的工业设计、高品质的镜头以及相对简便的操作，使得这种相机的设计理念在后来的数十年里成为奥林巴斯袖珍相机设计的一贯路线。

奥林巴斯XA相机的工业设计现在看来都非常时尚，一改之前袖珍相机见棱见角的设计形象,将兼作相机开关的镜头盖设计成酷似飞碟的圆形,打开之后是一支结构复杂且品质优秀的35mm f/3.5摄影镜头。光圈的拨杆在镜头的一侧,手动设定光圈后相机的快门自动配合调整曝光,速度范围是1~1/500秒。相机底部的扳手可以做+1.5EV的曝光补偿。镜头下端的拨杆是手动目测调焦装置,最近的拍摄距离为0.85米。为了机身的小型化,设计师为奥林巴斯XA设计了外接式闪光灯,因为那个时代的袖珍相机还没有使用大容量的电池。闪光灯驳接在相机的左手一侧,可以随时拆卸下来。

奥林巴斯XA相机的这个35mm f/3.5摄影镜头设计得很下功夫,用过的人都说品质不俗,一时间奥林巴斯XA被神话成为可以替代单反照相机的"新宠"。我是在一个小地方的旧货市场看到这台奥林巴斯XA相机的,摊主正经的生意是卖CD、音乐光盘,光盘旁边放着几台旧相机。是好友张先生带我去的这个地方,他是个乐迷。我在两台奥林巴斯XA相机中选择了一台带礼盒包装且品相不错的,价钱也就几百元,但比另一台稍贵一点。小老板给我换上新电池,反复试验,确认完全没有问题才交给

相机物记

OLYMPUS XA

了我,并约定拍完了有问题可再来换,临走还送给我们两张摇滚乐的CD。我也是希望能够用这台相机多拍些照片,领略一下这个"神镜"袖珍相机的所谓魅力。效果当然不错,感受确实神奇。

奥林巴斯XA相机后来形成了一个系列,XA1是简易版的XA,XA2改为区域调焦和程序曝光;XA3增加了胶卷的DX编码识别;1985年出品的XA4,其镜头改为28mm f/3.5,有近距离拍摄功能。但是后几种XA相机的镜头却都没有最初的奥林巴斯XA设计得那么豪华。XA相机之后,奥林巴斯设计了更为小巧的μ系列袖珍135照相机,这时候的袖珍相机都改用一次性的锂电池了,所以有了内置的闪光灯。后来的奥林巴斯μ-II相机多是在北京生产的,但μ系列相机的设计方向是普及品,完全没有了当年XA相机的专业范儿。

开头就说奥林巴斯是以显微镜起家的,而现在的主营业务是医疗器械,其中尤以内窥镜知名。数码相机还在做,是4/3系统的产品,也袖珍。奥林巴斯的便携录音设备也好,做了几十年了,但知道的人不是太多。梅强老师告诉我说用奥林巴斯的录音笔作耳机播放器非常高级,但他不知哪里有售,于是我联络奥林巴斯的朋友帮他买了一台,梅强是耳机音响的专家。

/ XII

并不简单的尼康FM2

Nikon FM2

\

我的第一台尼康相机是电子快门具有光圈优先自动曝光的135单反照相机尼康FE，这在前面已经说过，买的是二手货，机身顶盖、底盖都磨掉了黑漆，露出黄铜，挂在胸前假装自己还很有些摄影的资历。虽然磨损的机身并不妨碍我使用，而且它也一直都没有出过毛病，但还是想着能有一台备用的相机或者两台相机分别装着黑白和彩色两种胶卷，用起来也方便。这时候尼康FM2风起，大家都在买也都在用，我也买了一台，是1991年的事情。

尼康FM2最早于1982年出品，这个时候很多知名品牌的135照相机厂家已经放弃了中档纯机械式135单反照相机的制造。尼康FM2自小型化的中级相机尼康FM而来，最大的亮点是安装了具有1/4000秒曝光时间的高速度快门，这就意味着可以有更高的闪光同步速度，也能够在明亮的环境中使用更大的光圈，这是一个技术上的突破。但是1/4000秒的高速快门需要更快的帘幕行走速度，于是动用了尼康的钛金属元件制造技术。为了增加超薄快门帘幕的强度，钛金属叶片被冲压成蜂窝状的纹理，此一技术轰动一时，成为照相机制造历史上的又一个第一。而后来随着技术的进步,尼康FM2的这个1/4000秒高速快门改用了铝合金制造。

　　我买的第一台(前后买过三台,慢慢说)尼康FM2已经是这种相机的第三代了。最初的尼康FM2设计有单独的1/200秒最高闪光同步快门,使用钛金属帘幕快门;第二代改为1/250秒最高闪光同步快门,仍使用钛金属帘幕快门;而改用铝合金叶片帘幕快门的尼康FM2则在机身顶盖后面相机编号的前面刻有一个不起眼的"N"字,表示是新型的FM2,这是第三代。

　　尼康FM2是一种功能简单的135单反照相机,金属机身,全部的机械控制没有任何自动功能,快门速度为B、1~1/4000秒,相机的电池只是用于测光。原本那时候已经有了很多技术上非常成熟的电子快门自动曝光的照相机,但大家在认识上有误区,总是认为电子相机靠不住,如电池没电了就拍不成、在低温的情况下使用会受到限制等,所以导致全机械的尼康FM2大行其道。都说这种相机功能简单、用着也简单,其实单就一个1/4000秒的快门就不简单。那段时间全手动的机械135照相机基本上都是给初学者设计的低端产品,而这个并不便宜的尼康FM2却畅销将近二十年,您能说它简单吗?

相机物记

Nikon FM2

相机琐记

Nikon FM2

相机物记

Nikon FM2

我的这台尼康FM2本来用着挺好的，心血来潮买回来一个早期生产的大型便携闪光灯，装在相机上很气派。开始用着没问题，突然有一天闪光灯没亮，相机冒了烟儿，测光系统的电路板被击穿了，真是窝心。花了几百块钱才修理好，回来一试，总觉得测光较之前有些误差，就拿到二手商店给卖掉了。正巧这时有人约我拍那种用于平面设计的素材照片，稿酬不高但用量不小，仅一台尼康FE肯定是忙活不过来，就又买了一台FM2，还是全黑色的机身，此后绝少使用闪光灯，是心理上有了阴影。时间到了2001年，尼康宣布FM2相机停产，器材店的老梁建议我再买一台留作纪念，听人劝，我买回来一台银色机顶的FM2放在书柜里，却至今没有装过胶卷……

　　尼康在FM2之后出品了尼康FM3A，机械/电子混合快门，有光圈优先自动曝光功能，有电没电一样可以拍照，是一个尼康FM2和FE2的混合体。机械/电子混合快门的照相机之前就有，宾得LX、佳能New F-1都是混合式的快门，但全部挡位都能够既可电子控制又能够转为机械的尼康FM3A是第一台。用过FE，有过FM2，这个FM3A就不再买了。

XIII

相机珍闻

只比顶级相机差一步

Canon FTb / minolta SR-T101 /
PENTAX MX / Canon A-1

　　在照相机的领域里面，一说到"顶级"，大多会想到是在说135照相机，因为其他类别的照相机像大画幅、120、袖珍相机一般用"高级品""普及品"作区分，似乎只有在135照相机里面才会分列出"顶级相机"。收藏相机的朋友跟我说，135的顶级相机也有两个方向，一个是那种专门给职业摄影师或摄影记者设计的高级相机，功能齐全、附件齐备、性能可靠、坚固耐

用，比如佳能EOS-1V、尼康F6、宾得LX、美能达XK，每个品牌只有一个，而且更新换代的周期也比较长。我在问到一位知名品牌的相机设计师的时候，他对我说——顶级相机最重要的一点就是性能可靠，无论是调焦、曝光、卷片都要有百分之一百的可靠性，绝不能因为相机的问题砸了摄影师的饭碗。顶级相机的另一路是那些有历史、有故事、知名的摄影家都在用的高级相机，其中徕卡的M系列最为典型。

顶级相机都是厂家倾力设计、精工细作的产品，产量小而成本高，价格不菲，对于一般人来说，如果拍照的机会不多、拍摄的数量不大，是不会有太大意义的，多是仰慕而已。但往往厂家都会设计出顶级相机的简化版本，以满足高端摄影爱好者对于相机品质的高要求，这一类被称为"准专业"的照相机位于每个品牌系列相机的第二层级，是销售数量最大的高级相机。在135照相机的历史中，如佳能FTb、尼康F100都是这样的情况。而顺着这一层级开发与顶级机型并无关系的高级相机，往往装进了最新的技术，像佳能T90、尼康FA，或是功能相对简单而性能可靠的机型，比如尼康FM2、美能达SR-

T101。另外一种顶级相机出现的情况是厂家一开始设计出的是一个性能优秀的机型，比如奥林巴斯OM-1，建立起声誉之后性能不断攀升，最终也进入了高级专业摄影领域，做出了顶级的机型奥林巴斯OM-4Ti。

后面介绍的这几台相机都是当年位于顶级之后第二层级的准专业135照相机，只比顶级相机差一步，但口碑好、用过的人也多，直到现在也还是那些喜爱胶片摄影的多数朋友选择的重点。

佳能FTb

在一本书里曾经这样评价这种相机："佳能FTb居于佳能F-1之后。FTb具有F-1相机的许多特点，但没有电机驱动卷片装置，没有互换的棱镜取景器，没有1/2000秒的快门速度和可拆卸的照相机后背等专用装置，其价格只是中等照相机的价格。"（1979年《国外新颖照相机》）

1971年出品的佳能FTb是一款很不错的相机，全机械控制的这种相机非常耐用，是佳能机械相机中的一个标志性

的产品。之前佳能单反照相机使用FL镜头卡口，FTb则是佳能改用FD卡口之后的第一种135高级单反照相机。佳能FTb的前身是佳能FT，与之同时代的相机有尼康玛特FT、美能达SR-T101以及宾得K2。

　　佳能FTb采用机械控制的横走式焦平面卷帘快门，速度设置B、1~1/1000秒，提起速度盘就可以调整相机测光系统的感光度，快门按钮有锁定装置，这也是那个时代高级相机的特征之一。倒片钮兼作相机后盖的开关，旁边是测光装置的开关，将测光装置的开关向下扳到C的标志，用以检测电池的电量。右手一侧的自拍器装置的开关逆时针扳动是自拍，顺时针推是景深预测。相机后盖里面有一个连在一起的小盖板，把胶卷拉出到输片轴的位置，合上后盖，这个小盖板正好压住胶卷，扳动卷片扳手就可以正常输片了，这就是被称作QL系统的快速装片装置，是当时佳能相机的一大特色。

　　佳能FTb使用新型的FD镜头可以进行全开光圈测光，若使用老式的FL镜头，则必须向里按动相机的自拍控制按钮收缩光圈（景深预测的状态）才能够准确测光。相机的测光显示是追针式的, 上下摆动的指针与另一个和镜头光圈联动的空心环指针相重叠的时候, 就是测光正确的指示。

佳能FTb的名气很大, 被高端的摄影爱好者认定为顶级相机佳能F-1的简化型号。在一家二手相机小店里我发现了它, 机身的拍摄功能没有问题, 测光元件老化了、很迟钝, 配套的标准镜头是老式FL卡口的50mm f/1.4, 测光的时候要先收缩光圈才行, 价钱便宜得不像话, 人家是当作不能用的相机出售的, 但我依然很是兴奋, 权当买回了一台知名相机的"标本", 擦拭整理之后放在了书柜里面, 时常拿出来摆弄摆弄。

佳能FTb是135机械控制单反照相机时代最后的一批经典作品, 在这之后佳能的135照相机进入了电子时代。

美能达SR-T101

朋友牟兄当年用这种相机拍照片, 每天都拍, 还常给报社投稿。他告诉我美能达SR-T101是不出毛病、用不坏的相机, 我便从此开始关注这个SR-T101了。

美能达SR-T101是1966年开始生产的具备MC镜头卡口

minolta SR-T101

相机物语

minolta SR-T101

相机物语

minolta SR-T101

的135单反照相机,工艺精湛,功能齐全,坚固耐用。这是美能达第一种开放光圈TTL测光的135单反照相机。所谓开放光圈TTL测光,就是相机永远在最大光圈的状态下对预设光圈值进行通过镜头的测光,而不必事先把光圈收缩到拍摄状态。SR-T101中的T就是通过镜头测光(TTL)的含义。SR-T101装置有追针显示的测光装置,有景深预测功能,以及反光镜预升功能。在那个年代里,这个相机是一种很高级的135单反照相机,许多职业摄影师都在使用SR-T101,加上当时日本照相机厂家正在赶超德国照相机,都是肯用料且工艺精,即便现在看上去美能达SR-T101的制造工艺也是相当高的水平,所以很多人连续使用几十年都不曾出现故障。

由于年代的原因,美能达SR-T101还没有闪光灯的热靴插座,必须要使用闪光连线,在镜头座的一侧有分别可以连接一次性闪光泡和电子闪光灯的两个插孔。横走式的卷帘快门是经典的设计,极为可靠,速度设置B、1~1/1000秒。测光装置的胶卷感光度设定为ISO 6~6400,不知那时是已经有了ISO 6400的胶卷(民用胶卷肯定没有,我用过的135胶卷最高的感光度标称ISO 1600,而且必须迫冲才能够达到),还是美能达做了一个超前的设计?

美能达SR-T101相机的产量很大,至1973年被改进型产品美能达SR-T102(出口型是SR-T303)所替代。

美能达SR-T101相机的镜头卡口为早期的MC型,标准配置是55mm 1∶1.7Rokkor镜头。这是一款非常好的镜头,操作的部分全都是金属材料,铣出来的滚花调焦环显示着那个年代相机的特征。

插图中的美能达SR-T101是我买到的二手相机,测光失灵了,镜头是原配。我用这台相机拍摄了好一阵子,快门准确,镜头不错,拿在手里沉甸甸的,能够转动的操作机构顺滑、柔润,有点儿德国高级相机的味道,使用起来好踏实……

宾得MX

成立于1919年的日本宾得公司是最早制造135单反照相机的日本厂家,过去叫作旭光学工业合资公司。至20世纪70年代中期,宾得在其K系列135单反照相机的基础上又发展出

相 机 物 记

PENTAX MX

相机砌记

PENTAX MX

了M系列单反照相机,意在推广小型化、电子化的135单反照相机的概念。1976年出品的宾得MX就是一台精致的超小型M系列135单反照相机,也是宾得M系列单反照相机中唯一的一个机械控制手控曝光的高级型号。当时制造体积小巧的135单反照相机是各个厂家竞相追逐的目标,宾得MX应运而生,成为当时体积最小的高级135单反照相机。

全机械控制的宾得MX相机工艺水平极高,它有着庞大的附件系统,是一种为职业摄影师设计的高级135照相机。宾得MX的特点之一是可以装置一个5张/秒的高速卷片马达;特点之二是使用了当时最为高级的磷砷化镓测光元件(中央重点测光);特点之三当然还是小型化的工业设计,但是按照如今的照相机人体工程学的设计理念,宾得MX的持握手感并不是太好,因为它实在是太小了。

宾得MX是机械相机时代优秀的作品之一,在当时也是顶尖的小型135单反照相机,但这种相机在中国却并不多见,而用过它的摄影师都对其赞不绝口。现在偶尔能在二手相机市场上见到宾得MX的身影,价格并不很高,但我以为这种相机依然极具收藏价值,因为宾得MX是这一品牌的最后一个全机械高级135单反照相机。我买到的这台宾得MX品相不错,只可惜镜头不是当时的那款高级的50mm 1:1.4镜头,但这已经满足了我多年追寻宾得MX的美好愿望了,因为在20世纪90年代初的时候,我就看到出版社的李老师用着这么一台精巧的宾得MX,拍摄了无数本画册。

佳能A-1

佳能A-1是1978年出品的135单反照相机,是佳能新一代小型化A系列135单反照相机的顶峰之作,也是当时世界上自动化程度最高的照相机之一。这种相机设计有集成电路化程度很高的数字化微处理器,从而实现了包括手控曝光在内兼有光圈优先、速度优先、收缩光圈自动、闪光灯自动、程序自动等六种曝光模式,以及大范围的测光系统。由于佳能A-1相机高度的自动化操作和相对合理的价格,使得这种相机在四年之内的销量就超过了800万台。

佳能A-1使用电子控制的横走式卷帘快门,速度范围为

30~1/1000秒，闪光同步为1/60秒，取景器内的显示元件为LED，相机可以配接专用的卷片马达，还可以使用无线遥控器，有景深预测和多次曝光的功能，是当时除了佳能New F-1之外最高等级的佳能135单反照相机，其高度的电子化、自动化吸引了许多专业摄影师和摄影爱好者。记得在20世纪80年代初的时候，这种只有黑色机身的佳能A-1价格并不昂贵，也就是在那个时候，人们逐渐地对电子控制的照相机开始产生了信任。

相机琐记

Canon A-1

XIV

相机物记

柯尼卡FT-1没用过

Konica FT-1

\

标准的135胶卷可以拍摄36张底片。135照相机从一开始就遇到了一个卷片的问题，照相机卷片的设计也随着时间的演进一步一步往前走，最开始都是用右手或左手一侧的卷片轮的方式，顺时针卷片；第二步就都成了拨杆的设计，用右手拇指扳动拨杆即可一次到位，很方便也很快速；为了保持右手不离开快门，第三步就有了安装在相机底部的快速卷片拨杆的设计，这是一个附件，装在相机的底部，把一根折叠式的像水果刀一样的金属杆打开，用左手向左侧一拉就卷过一张画面，右手可以永远保持着按快门拍摄的姿态；第四步就有了安装在相机内部的发条卷片装置，事先上紧发条(上弦)，拍摄一张就"自动"卷过一张，但往往因为发条小、储能不足，所以拍到半个胶卷的时候要再一次上弦，这种设计一般都是在普及型的相机上，比如我国制造的长城牌135照相机；第五步就走到了电动卷片器的使用，这个时候中高级的135照相机都会有一个安装在相机底部的可以拆卸的电动卷片器，带手柄高速卷片(每秒3张以上)的都叫"卷片马达"，电池多体积很大，有的可能会比相机还要大一些；发展到之后一步就是"内置电

相机笔记

Konica FT-1

动卷片"了,把电动卷片器装在相机里面,这样的相机柯尼卡FS-1是第一个,时间是1978年。

二手相机商店的汪先生来电话说进了一台成色极好的柯尼卡135单反照相机,约我去看。我骑车到了他的店里,汪先生把相机拿到柜台上一看,原来是柯尼卡FT-1,原包装的相机还套着出厂时的塑料袋,打开后盖,压片板上还有防止摩擦的纸片,电池仓是空的、没装过电池,50mm f/1.4的镜头一尘不染,果然是没用过的全新成色。看包装的纸盒再算了一下出品的年代,这个相机大概是十年前的东西了。卖家自己要的价钱还算合理,汪先生又确认相机没有故障,我就把它买回来了。

柯尼卡FT-1是之前内置电动卷片器的柯尼卡FS-1的后继产品,最早出现于1983年,也是电动卷片,但功能、工艺、性能都在FS-1的基础上迈上了一个大台阶。20世纪90年代初的时候,我国大量进口FT-1,卖得不错。

柯尼卡FT-1是一种具有全手控曝光和快门速度优先自动曝光功能的单反照相机,将镜头光圈环上的A锁定,光圈即根据相机测光的结果进行自动调节。纵走式金属焦平面快门的调节范围为B、2~1/1000秒,有测光锁定功能。与FS-1相机不一样的是,柯尼卡FT-1增加了每秒2幅的连续拍摄功能。这种相机的电池仓兼作手柄,标准配置是4节AAA(7号)电池,但是我记忆中在我国出售的柯尼卡FT-1多为使用4节AA(5号)电池的电池仓,因为当时7号电池在我国并未普及。

柯尼卡FT-1相机不是专业的等级,但功能设计也近乎"齐全",电子式自拍器设计在相机型号的下方,倒片轮的前下方则是柯尼卡标准的多触点遥控线接口。比照高级专业135单反照相机,柯尼卡FT-1仅仅是少景深预测和反光镜预升的功能而已。

FT-1买回来我就装上了一个彩色反转片的胶卷。这种相机在装胶卷的时候很简单,把暗盒放入相机,拉出片头放在收片轴的一个位置上,合上相机的后盖自动就卷到胶卷第一张的位置,很方便。FT-1的快门速度优先曝光我不习惯,适应了好大一会儿才熟练起来。50mm 1:1.4的Hexanon标准镜头真是太好了,影像不是太锐利,焦外成像也非常柔美,反差适中,是很有特点的摄影镜头。制造柯尼卡相机的是最早被称为日本小西六的公司,该公司1903年出品了第一种相机,1929年开始制造胶卷(樱花牌),1931年设计Hexar镜头,1941年启用Konica商标,1983年改称柯尼卡株式会社,是日本一家老牌的摄影器材与感光材料的公司。我小的时候家里还存放着几盒没有用过的玻璃感光干版(与胶卷同时代的感光材料,是玻璃底片),就是小西六制造的樱花牌,已经过期二十多年了,是父亲年轻时候买的,后来被我洗掉感光药膜做成了自制放大机的底片夹。

柯尼卡在2003年的时候与美能达公司合并,其后停止了民用胶卷以及照相机的制造业务,成为一家主营医疗器械、办公设备、印刷机器的知名公司。柯尼卡没有制造过真正专业级别的照相机,但还是在数码摄影到来的前夕,做出了像柯尼卡FT-1、柯尼卡Hexar(巧思)和柯尼卡Hexar(巧思)RF这样有特点有品位的相机产品。对了,世界上第一种商品化的自动调焦(AF)135照相机也是柯尼卡制造的,型号是柯尼卡C35AF,是一个有着固定镜头的袖珍相机。

相机琐记

Konica FT-1

XV

相机物语

美能达XD-7解决了一个问题

MINOLTA XD-7

\

去医院检查身体时在走廊上遇见了张老师，他在医院的医学照相室工作，是专业的医学摄影师，一起搞摄影展览认识的，当时我是业余摄影爱好者，这是三十几年前的事情。他说医院新给他配了两台照相机，约我体检结束到他的办公室去看看。医院里机构繁多，我一路打听找到了张老师办公的地方，看到的两台照相机是奥林巴斯OM-1N和美能达XD-7。那个时期照相机大批进口，大家都在换相机，报社的记者大都用尼康FM，配原厂的变焦镜头、原厂的牛皮箱，神气极了。艺术馆、文化馆用的大都是性价比不错的理光CR-10，有自动曝光加全手动功能，配一个电动卷片器，套机买回来还有一长一短的两支定焦镜头。业余摄影爱好者对雅西卡FX-3兴趣浓厚，有测光、全手动功能，价钱不高，外加可配套的图丽、适马、腾龙的便宜镜头也不错。医院里面的摄影师配备的相机则是另外的路数，多是奥林巴斯和美能达的135单反照相机，张老师告诉我这是因为需要与进口的医疗设备上的相机接口相配套的缘故，所以只能是这两种品牌的相机。

　　20世纪70年代各个相机厂家都在开发具有自动曝光功能

的新型相机，大多是在135单反照相机的基础上进行研发、推广，不同的品牌有不同的思路，设计的自动曝光功能也是有两条不相同的路线。佳能、柯尼卡钟情于快门速度优先自动曝光，代表的机型是佳能AE-1；而尼康、宾得则一律是光圈优先自动曝光模式，像尼康玛特EL和小型化了的尼康FE。两种不同的自动曝光模式搞晕了摄影爱好者，连摄影杂志也不断写文章帮忙分析讨论两种自动曝光功能的各自优势。就在这个当口上日本美能达公司推出了既有光圈优先自动曝光又有快门速度优先自动曝光功能的135单反照相机XD-7，时间是1977年，比佳能AE-1只晚了一年，但这是第一种具有双优先功能的135照相机，也是当时最受欢迎的几种135单反照相机之一。

　　XD-7是出口型号，在日本销售的型号是XD（黑色机身的叫XDs），在北美销售的型号是XD-11。我曾认真地查阅过摄影杂志上的广告资料，美能达XD-7该是改革开放之后第一个在我国专业摄影杂志上刊载进口135单反照相机广告的。美能达XD-7是精致、小巧的135单反照相机，工业设计简洁、典雅，相机的功能复杂而操控系统却一目了然，是美能达在SR-

相机物语

MINOLTA XD-7

T102之后进入135单反照相机自动化、小型化的开山之作，在那个时代是一种性能先进的中高等级的照相机。

美能达XD-7的双优先功能可以自动延展调节，比如说在速度优先自动曝光的时候镜头光圈开到最大还是曝光不足，这时相机的快门速度就会自动下调延长曝光时间，是一个智能化的设计。虽然XD-7不是美能达的高级专业相机（当时美能达的顶级相机是1973年出品的美能达XK），但是为了适应专业摄影的需要，美能达还是给XD-7设计了专用的自动闪光灯和卷片马达。

XD-7是美能达135单镜头反光相机的一个转折点，一是美能达顺应潮流将相机小型化、电子化；二是美能达由此开始把镜头的卡口由过去简单的MC型改成了MD型，以适应双优先自动曝光的功能。系列交换镜头的品牌仍为Rokkor（罗柯）。为了弄清楚美能达单反照相机的情况，我在旧书店搞到一本1980年英文版的《美能达单反照相机使用手册》，这本书中的资料显示，此时美能达MD卡口的交换镜头已经达到43种，从7.5mm f/4的鱼眼镜头直至1600mm f/11的长焦距镜头一应俱全,变焦距镜头中还有100—500mm f/8这样规格的产品,当时美能达公司的实力可见一斑。

在医院张老师给我看新相机的时候美能达XD-7并不多见,是稀罕的东西。随着不断地宣传推广,这种相机的特点才广为人知,但不久就被更新一代的美能达X-700给替代了。新相机取消了快门速度优先自动曝光模式,改为了程序自动曝光模式,亮点是新设计的TTL自动闪光功能。

相机琐记

MINOLTA XD-7

XVI

相机物记

最后的135胶片相机——尼康F6

Nikon F6

\

哪一款相机是"最后的135胶片相机"?我的判断是尼康F6应该是最后的135胶片相机之一。

虽然早在1975年就有了数码相机的概念[美国柯达公司的工程师史蒂夫·萨森(Steve Sasson)先生制作出了数码相机的雏形],但是真正进入实用还是2000年前后的事情。对于胶卷相机而言第一个受到冲击的是小型化的APS胶卷相机,但这于我们似乎没有什么影响,因为APS胶卷相机的系统(相机、胶卷、冲印)基本上没有进入我国,接下来就是135照相机逐渐走下坡了。但此时的数码相机像素还不高,画质也很成问题,还没有办法完全取代胶卷相机,我的朋友连先生用135彩色反转底片在印刷级别的电分机上扫描成电子文件再打印出来的海报还是比当时最好的数码相机要强很多。但谁也没有想到之后十年数码相机的技术进步实在是太快了。

2004年的春天,我随代表团访问了日本尼康公司,得知尼康公司即将出品全新的高级专业135胶卷单反照相机尼康F6,并计划在当年的德国科隆世界影像器材博览会上发布。到了秋季我们果然在博览会上看到了尼康F6,试用之后了解了新相机的规格、功能和性能，但也见到了同时发表的尼康第二代专业数码相机的升级型号尼康D2x。这就是数码相机与胶卷相机并驾齐驱的时期，像尼康F6这样的135照相机尚有微弱的优势，满足着摄影师们的使用习惯，尼康F6在面世之初也曾引起了不小的轰动，但不久之后大家的目光便离它而去，数码相机占了上风。

尼康公司从1959年制作出专门为职业摄影师设计的尼康F型135单反照相机，在这个领域里面树立了标杆，到了尼康F6，已经是四十几年后的第六代产品，积累的经验可想而知。相比前五代的尼康F系列高级专业照相机，尼康F6摒弃了大体积的设计，顺应潮流使之成为一种小型轻量化且多功能的专业135胶卷单反照相机。这种相机没有像之前的尼康F5那样将高速卷片马达与机身设计成一体化，而是将其作为附件以满足特殊拍摄的需要，既像是回复到了尼康F4的设计理念，又像是准专业级别的尼康F100与顶级的尼康F5的优势拼合。配接高速马达电池盒，它有比尼康F5还快的高速连拍，但操作系统还是更像尼康F100电子化液晶显示的设计。而丰富

相 机 物 记

Nikon F6

相机防记

Nikon F6

的专业附件和轻便易用的特性,似乎让很多人回到了尼康F3的时代。

尼康F6是一个生不逢时的照相机,在那一年的科隆博览会上,除了尼康F6似乎没有其他品牌有如此高级的新135照相机面世。这时数码单反照相机已经开始普及,尼康的专业数码相机也已经出品了3个型号两代产品,而最早转向数码摄影的职业摄影师已经不会再去关照这个虽然很高级但业已过时了的尼康F6。这个相机真的成了尼康顶级135单反照相机的绝唱,135照相机也就此渐落帷幕。

现在要收集到一台品相不错的尼康F6并不容易,因为生产的时间短,产量不大,当时的市场就所见不多。

XVII

相机物记

帮忙选相机

PEARL RIVER S-201

在前面的几篇文章里说过，我对于照相机的爱好多是出于不能够真正拥有那些向往中的相机，因此对各种相机的信息也就会格外地注意，积攒了不少相机的资料，用作与同好们聊天的谈资。别人都以为我知道相机的事情很多，以为我真是一个懂得照相机的行家，其实我的这点儿"相机知识"大部分来源于资料，来源于道听途说，要是果真遇到了手里拿着好相机的人，我便闭嘴倾听不敢再发言了。

雷先生在单位谋得一份摄影的差事，是20世纪80年代初的事情，单位里批了计划要给他配一套像样的照相机，说是像样，也不过是比我的固定镜头旁轴取景的东方S3提升到可换镜头的135单反照相机而已。雷先生打电话说要找我商量，我说此事重大，你我又是许久不见，还是在我家附近饭馆里聊吧！吃了卤面，要了一瓶啤酒，我拿出带来的相机资料给他看，雷先生先把徕卡、尼康、美能达放在了一边，说一千块钱的限额只能是国产，正在海鸥DF与珠江S-201之间"盘旋"。

当时高级摄影爱好者的关注点大多还是海鸥DF，老牌子、产量大、附件也都算齐全，但是大家都用也就没什么意思

PEARL RIVER S-201

相机珍记

相机琐记

PEARL RIVER S-201

了。而珠江S-201也是135的单反，全黑色的机身似乎更显得"专业""高级"，可以更换的五棱镜取景器仿的是佳能顶级的F-1，闪光灯的插座设计在左手一侧的倒片钮上，似乎是尼康顶级F系列相机的设计，镜头的卡口又从美能达而来，俨然是一个集大成的高级相机，价格当然也要比海鸥DF贵几十块钱……我出主意让他决定买珠江S-201了。

手里的资料上说珠江S-201最早出品的年份大约在1972年，是位于四川等地的华光、明光、金光、永光等四家光学仪器厂合作生产的高级国产135单镜头反光照相机。

不同于上海制造的海鸥DF照相机，珠江S-201设计有可以更换的五棱镜取景器，其形状很像佳能相机的设计，换上可以折叠的腰平俯视取景器（据说当时还有直角取景器）在翻拍仪上使用的时候会非常方便。到现在我还保存着一个珠江S-201相机的折叠腰平俯视取景器，是一位朋友送给我的，他从来不用这个轻便的取景器，说是毛玻璃上的影像左右颠倒看着别扭。但是珠江S-201更换取景器的设计之后就没有办法再在取景器上面装置闪光灯热靴了，珠江S-201像尼康F2一样将闪光灯的插座附件接插在倒片轴上,而这时则必须使用闪光灯连线接插在机身的X同步插口之上才可以正常使用。

珠江S-201采用技术成熟的机械式横走帘幕快门,速度范围1~1/1000秒,相机的右手握持一侧有自拍装置和反光镜预升的拨杆,标准镜头的根部设计了手动收缩光圈的景深预测开关,左手位置侧面是一次性闪光泡和电子闪光灯两个连线插口。

珠江S-201虽然也采用了美能达MC的镜头卡口,但是镜头锁定的方式却是独特的顶针式设计。美能达的MC、MD卡口镜头以及海鸥DF相机镜头虽然能够安装在珠江S-201上使用,却不能锁紧。雷先生买了配有58mm f/2标准镜头的珠江S-201之后,又在预算之内买了一支海鸥135mm f/2.8的长焦距镜头,我找来一个手摇钻,俩人斗胆在这个崭新的长焦距镜头卡口内环上钻出一个小坑才算解决了镜头锁定的问题。我见到过的珠江S-201本品牌的交换镜头有四种,镜头的焦距规格分别是35mm、58mm、105mm和135mm,应该还有用于翻拍的镜头接圈或近摄皮腔。根据考察珠江S-201的诸多特殊

相机琐记

PEARL RIVER S-201

设计,可以得知这种相机是一种多用途的135单反照相机,必须以多种镜头以及各种附件形成一个较为庞大的系统。

20世纪80年代的珠江S-201相机都是全黑色机身,这是当时高级专业相机流行的设计。记得到了20世纪90年代末珠江S-201相机又有了银色顶盖及底盖的产品,但时间不长就停产了,取而代之的是引进日本宾得K1000单反照相机生产线而制造的珠江S-207,而后又从珠江S-207衍生出诸多的改进型号。

数年后雷先生当上了报社的记者,背着一牛皮箱的全套尼康相机神气极了,这一回他换相机再也用不着找我出主意了。

珠江牌相机

PEARL RIVER S-201

XVIII

相机物记

源自德国的青岛6型

QINGDAO-6

青岛6型是一个半自动的135小型照相机，从1985年开始生产，是德国爱克发Optima Flash相机的中国版本，打开相机的后盖，里面还写着"AGFA-FILM 135"的字样。在那个年代里，135照相机的小型化、自动化已经成为风潮，国内的照相机厂多是组装生产日本的小型自动135照相机，或是以日本这一类相机作为蓝本设计、制造自己的品牌，而青岛照相机总厂则是进口德国小型自动135照相机的组件生产出名为青岛6型的照相机。相比当时的国产或日本135小型自动相机，青岛6型的体积还是略显大了一些，但是德国相机的口碑以及青岛6型颇具特色的工业设计，仍然受到了摄影爱好者的欢迎，以至于买到一台这样的相机成了很不容易的事情。虽然是自动相机，我也希望能够拥有一台，但不菲的价格还是令我望而却步。前几年去上海出差，在一家相机店的角落里摆放着许多的青岛6型相机，原包装还带有说明书。他们是在处理库存，一百元一台，我买了两台，装上胶卷足拍了一气，算是时光倒流圆了个梦，此刻的数码卡片相机都有2000万像素了。

后来我找到了德国爱克发Optima Flash相机的图片，

外观设计简约、明快。青岛6型相机由于改用了当时流行的5号电池，相比原型相机多出了一个持握不错的手柄，但却失去了简洁的设计。超大型的快门按钮设计在卷片手柄的轴心，是鲜艳的橘红色。相机专家齐老师告诉我，在欧洲寒冷的天气人们大都戴着手套，如此的设计可使操作便利。明亮的取景器几乎没有畸变，也是超大型的设计；镜头的区域手动调焦环突出在镜头的前面，这些是否也都是为了方便冬天的拍摄而设计？戴眼镜的摄影者肯定会高兴。相机倒片的方式非常独特地将离合按钮设计在了闪光灯的下面，卷片手柄兼作向前卷片以及倒卷的工作，三脚架的螺丝接口设计在相机的左侧面，快门线的插孔设计在相机的背面，所有的这些设计与当时常见的135小型自动相机都不相同，因此很多人都说青岛6型是一种"独特的相机"。

青岛6型相机的镜头品质不错，镜片使用了高级的镧系玻璃，40mm 1：2.8是当时小型相机的标准配置，兼顾了广角与标准镜头的视角。那时候配备了变焦镜头的小型自动相机很少，也很贵，固定焦距镜头则是成熟的技术，其制造和使用

相 机 琐 记

QINGDAO-6

其实都很方便。早期的青岛6型标注的是AGFA品牌的镜头，很多人就是看重青岛6型的德国镜头而选择这种照相机。伸出在镜头前面的目测调焦环同时起到了遮光罩的作用，电子程序快门的速度范围是1/30~1/1000秒。

观察青岛6型相机，可以看出同时期德国小型相机与日本同类型相机的不同设计思路，日本人追求相机的小型化、多功能化，而德国的相机则更多的是从实用性去考虑。您看青岛6型的快门设计成了橘红色并且直径很大，取景器也是大而明亮，大型的闪光灯则操作容易，试想在冬季使用它拍摄一定会非常便利。

现在很多年轻的摄影朋友在体验胶卷摄影的感受，花不多的钱买一台青岛6型这一类简单而又不失品位的相机去体味胶卷摄影的乐趣，曾是我的建议之一。

得见佳能7s

Canon 7s

二十多年前的一九九几年,开店的程先生约我去喝茶聊天,我猜想他一准儿又是淘到了什么宝贝相机,果然到了店里茶还没喝他就从柜子里拿出了一台佳能7s型的旧相机,站着跟我絮叨这台相机的特殊所在。我这是第一次知道这种相机,当然也是头一次得见,那时候这方面的信息闭塞,照相机的资料少极了,关于佳能相机的事情我只知道早期出品过旁轴取景的照相机,但来龙去脉是怎么回事?登峰造极的又是哪一台?还真不知道!程先生做二手相机的生意,偶然收集到了这么一台佳能7s,打国际长途电话让朋友从日本找来了这个相机的资料,之后给我讲述他的收获。

佳能公司成立于1937年,前身是一家精机光学研究所,位于东京,是几个年轻人制造高级照相机的圆梦之地,1934年制造了一台名为KWANON的旁轴取景的135照相机,外观看上去与当时德国的徕卡相仿,之后出品的几个型号的相机都是从这个KWANON演化而来,1935年注册了Canon的商标一直用到现在。佳能在1959年出品过一款135单反照相机Canon Flex,但是在这之后的1961年又回到了旁轴取景相机的设计，出品了高级的佳能7型照相机，这时佳能力图将几十年的135旁轴取景照相机的研制经验倾注于这个佳能7。顺着这一条线索向前看，佳能希望把这种形式的135照相机演绎到极致。此后的佳能专注于单反照相机的研发，旁轴135照相机皆向普及/自动的方向发展了。

佳能7型135照相机第一次将测光系统设计在相机的旁轴测距器式的取景器里，测光的元件铺设在测距器窗口的位置，测光装置能与相机的速度盘联动，而帘幕快门也采用了更加耐用的金属复合材料，外观设计已经脱离了仿造欧洲产品的痕迹，完全是一副现代相机的模样了。但事情还没有结束，在1965年的时候，出品了佳能7型的改进产品佳能7s，此时已经是135单反照相机流行的年代，而佳能还是希望将颇受欢迎的佳能7型向前推进。佳能7s相机的测光系统使用了更为先进的硫化镉作为感光元件，并单独将这个测光元件设计在测距器窗右手一侧顶端的位置，这是佳能7s与之前的佳能7在外观上最明显的区别。

除了测光系统的改进，佳能7s更大的亮点是出品了与之

相机珍记

Canon 7s

配套的50mm 1：0.95标准镜头,这是世界上首次出现的最大相对孔径1：0.95的量产民用照相机镜头,而正是由于这只标配的大镜头,佳能7s才得以引得广泛的关注,虽然这个镜头并非尽善尽美,但能使用如此大的光圈拍摄照片,当年的摄影者一定会像今天用上了没有噪点的超高感光度数码相机一样兴奋!由于这款配置着大孔径镜头的佳能7s相机的产量不大,如今能够找到品相上乘的佳能7s型照相机以及它的1：0.95大孔径标准镜头已经不太容易了。

在我的撺弄下,程先生用那台佳能7s并50mm 1：0.95镜头拍摄了几个135彩色反转片,f/0.95光圈拍摄出来的照片很是"梦幻",但是分辨率很不"理想",收缩到f/4的时候就会好很多了。但若是现在再有机会借到这台相机、这支镜头,我倒是希望拍摄出那种用f/0.95光圈得到的较低分辨率的柔化效果了……

相机琐记

Canon 7s

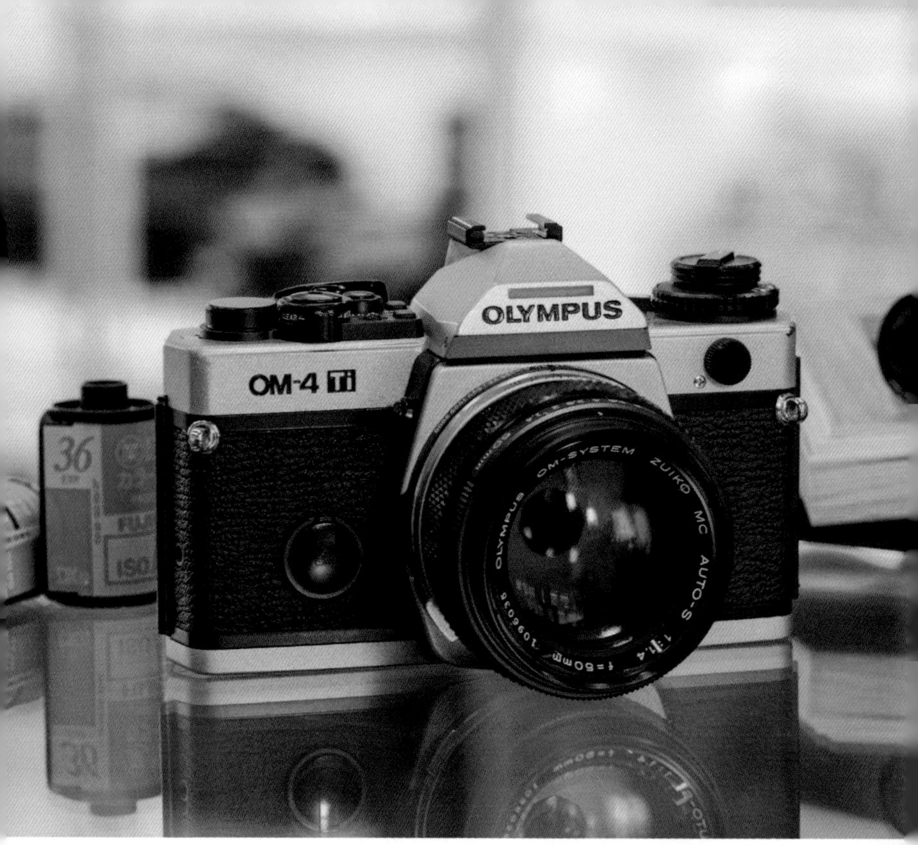

/ XX

奥林巴斯OM-4Ti

OLYMPUS OM-4Ti

日本奥林巴斯公司的OM系列135单反照相机是从1973年开始制造的，品种不多，但都是给人以特点鲜明、小巧而又精致的印象，早期的OM-1在20世纪80年代初多是配套医疗器械进口的，少见。OM-2是电子化的高级相机，一些新闻单位进口了一批，市面上也能看到，不多。OM-3Ti是豪华的机械控制相机，市场上没有露过面。而奥林巴斯OM-4Ti倒是又一批出现在了市场上，标配50mm的微距镜头，价钱不贵，周围的一些朋友买来把玩，过一把高级相机的瘾。之后奥林巴斯OM135单反照相机的多个普及型号市场上常见，比如电子化的OM-20，以及简单的机械相机OM-2000都有，但奥林巴斯单反照相机的交换镜头并不多见，所以这个品牌的135单反照相机在我国摄影者的群体里面并没有形成气候，倒是后来小型化的奥林巴斯IS桥式单反照相机卖得不错。

奥林巴斯OM-4Ti是OM系列中最高级的产品，它诞生于1986年，是在此三年之前发布的奥林巴斯OM-4型135单反照相机的豪华版本，设计有"全速闪光同步"功能。

奥林巴斯OM-4Ti采用了镀钛工艺制造相机的机身，以

相机琐记

OLYMPUS OM-4Ti

相机物记

OLYMPUS OM-4Ti

突出豪华的设计理念,竖立高级专业的技术形象。这种相机在当时具有很多独特的功能,一是具有8点评价测光功能,这是照相机TTL自动评价测光的雏形,摄影者在取景画面的不同位置依次半按快门进行测光,而后相机自动进行综合评价,给出适合的曝光数据,就像区域曝光的方式一样;二是配合特定的闪光灯可以实现高速焦平面快门同步闪光,这在当时是一项了不起的技术,改变了135单反照相机焦平面快门只能在低速快门挡同步闪光的情况;三是可以使用相机上的"高光模式"或"低调模式"自动进行曝光补偿,比如在大面积白背景的情况下自动曝光拍摄不至于曝光不足。另外,奥林巴斯OM-4Ti依然沿用了早已用在OM-2相机上的"实时测光"功能,装置在反光镜下面的蓝硅测光系统在按下快门之后会继续对着快门叶片上的测光图案进行测光直至快门开启,即便这时有一道闪电射来,也能确保曝光正确。在照相机进入智能化的前夕,奥林巴斯OM-4Ti的这些功能显示了这种相机的独特魅力。

奥林巴斯OM-4Ti的电子控制焦平面快门的前面印制有

相 机 物 语

OLYMPUS OM-4Ti

不规则的黑白小方块图案,用于相机的实时测光,在自动曝光时速度范围达到60~1/2000秒,手控速度从1秒开始。奥林巴斯OM-4Ti大约连续生产了十年之久,一直是很受欢迎的高级135单反照相机之一,但是这种相机在我国的保有量不是太大。

很多年前朋友老张买到过一台全新的OM-4Ti,但苦于配不到原厂的大孔径高级镜头,相机转手卖掉了,后来他想起此事颇有些后悔。前几年我淘到一台OM-4Ti,已经很旧了,但还能用,当然我也没有真的用它去拍照片,拿在手里反复端详仔细地看,试想着能否用眼前的这台OM-4Ti跟数十年前的讯息、企望一一对得上号而已……

相 机 珍 记

OLYMPUS OM-4Ti

相机琐记

佳能EOS-1V

Canon EOS-1V

\

前些天整理书架上的各种资料时，无意中翻找出一本带着封套、像高级摄影画册一样的佳能EOS-1V图册，回想起来是当时这种相机发布的时候向佳能公司索取的，图册里面除了简单介绍了EOS-1V相机的功能特点之外，多是一些名记者、名摄影师拍摄的样片，照片拍得好极了，图册的印刷装帧也是好极了！

　　佳能EOS-1V是2000年2月在美国国际影像器材展览会(PMA)上推出的产品，也是佳能最后一种专业级别的135胶卷单反照相机。

　　佳能EOS-1V在当时的先进程度可以用"难以想象"来形容，EOS-1V从之前的EOS-1N发展而来，机身改用铝镁合金制造(佳能EOS-1N顶盖使用的是碳纤维)，相机的设计师告诉我说这是为了增加相机的高级感；新设计的旋转磁体快门可以达到10张/秒的连拍速度；45点的自动调焦系统使用32比特的处理器计算；连接电脑时不但可以重新设置相机功能，甚至还可以下载拍摄数据；所有的连接缝隙都做了密封设计，可以做到防尘、防水。当时我在采访佳能EOS-1V的设计师的时候发问:"您对这一个等级相机的设计还有什么希望吗?"他回答我说:"希望将它做得更小一些,相机的小型化、智能化一直都是设计师所追求的目标。"

之后我将佳能EOS-1V借来用了一段时间,先是眼花缭乱,结论则是"无可挑剔",至于这台相机的大小和重量,我反倒觉得是一件无所谓的事情,当时的尼康F5也是这个样子,您想呀,一体化的高速马达再加上8节5号电池,体积和重量一下子就上去了,而专业相机坚固、耐用的要求也不易使相机变得轻便,如果那时能有高性能的锂电池可用,设计师们的理想多少还是能够实现一些的。

佳能公司在1992年推出了具有眼控自动调焦的EOS 5引起了极大的轰动,摄影者只要事先输入眼睛的信息,即可用视点控制画面中调焦点的位置,看到哪里哪里就是清晰的焦点所在,这种近乎神奇的技术使得佳能EOS 5风靡一时。三年之后,佳能再次发力,推出了级别更高的眼控调焦相机佳能EOS 3,在这台相机上我们看到了近乎完善的眼控调焦技术,佳能EOS 3扩大了自动调焦的区域,眼控调焦与45个调焦点相联

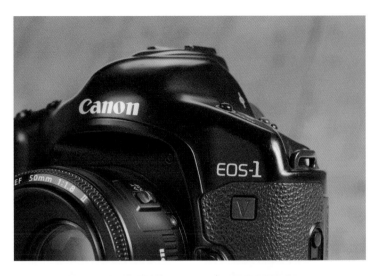

相机物语

Canon EOS-1V

相 机 琐 记

Canon EOS-1V

系，横向与纵向的灵敏度不再有差别，眼控调焦的反应速度也因为使用了32比特的处理器而大幅度提高。但佳能公司却始终没有将已经在EOS 3相机上验证完毕的眼控自动调焦技术移植到后来的EOS-1V上面，我曾就此事在发布会之后的单独采访中询问过EOS-1V相机的研发人员，他告诉我的理由是这项眼控调焦的技术还没有被证实具有100%的信赖度，所以不能放在专业级别的EOS-1V相机上使用。

佳能EOS-1V应该是佳能公司制造的最优秀的135胶卷照相机，它出品面世的时候佳能已经在着手高级数码单反照相机的研制，以EOS-1V作为蓝本，至于之后的佳能"EOS-1D系列"的数码单镜头反光相机也都得益于佳能EOS-1V的优秀设计。

相机的图册送给了一位潜心研究相机发展史的好朋友，他对于历史上经典相机的了解比我多很多，但是这本图册他没见过，在他手里兴许会有更多的用途。这位好朋友还告诉我一个消息：佳能EOS-1V在2018年才刚刚停产，因为还有市场需求，但产量极少。

遇见"米卡弗莱克斯"

MECAFLEX

从东京的中古相机博览会发来了照片，终于将这个小相机买到手了，熊猫老弟梦想这个"米卡弗莱克斯"已经有些年头了。

　　"米卡弗莱克斯"相机是个小单反，在相机的镜头座的一侧蚀刻着MECAFLEX的字样，用135胶卷拍正方形画幅的底片，出世的时间当为20世纪的50年代初，设计"米卡弗莱克斯"相机的是一位居住在德国慕尼黑的钟表匠Heinz Kilfitt，翻译过来的名字该是"海因茨·基尔菲特"，此人之前设计过同样画幅、同样小巧的照相机——"罗伯特"，时间是1934年，二十年后出品的这个"米卡弗莱克斯"相机应该是"罗伯特"相机的升级作品。"米卡弗莱克斯"由美兹（Metz）公司制造，就是那个后来做闪光灯出了大名的美兹公司。"米卡弗莱克斯"相机的销售业务据说是交给了英国南部的一家公司，但是后来这家销售公司经营不善破产了，库存的"米卡弗莱克斯"相机流落于英、法南部一带。

　　大约是在八年前的时候，我和熊猫老弟以及几位朋友去法国南部游历，一位长者请熊猫用他的"米卡弗莱克斯"相机为其拍照留念，助人为乐之后熊猫拿着人家的相机过来问我这个相机是怎么回事儿，我因为很早之前在上海的旧相机店里面见到过这种"米卡弗莱克斯"相机，挺贵的，人家不让我摸，恰巧当时有出版社让我帮忙审校一本古典相机的书稿，里面就有"米卡弗莱克斯"小故事，后来又买了其他的书籍找到了一些的资料才弄清楚了"米卡弗莱克斯"相机的一些事情。这一次居然有人过来"请教"，我紧急"搜寻"储存在大脑里面的零散讯息，唬着胆子跟朋友拼凑出"米卡弗莱克斯"的来龙去脉，得其赞赏，自己亦虚荣得意。回家后的重要事情就是翻书再读详读，回顾一下当时的"吹牛"是否存有硬伤。

我没有查到135正方形画幅底片的照相机到底起源于何时何处，但"罗伯特"相机确是我最早关注的此类产品，这种平视取景小相机的特点有二，一是采用了24mm×24mm的正方形画幅，当然使用的还是135的胶卷，而当时绝大部分135照相机都是18mm×24mm或24mm×36mm的长方形画幅，24mm×24mm正方形画幅的相机在拍摄的时候是不必将相机"竖过来"拍摄的，但是依当时135胶片的水平，将这样

相机珍记

MECAFLEX

小的底片剪裁成横或者竖的长方形画面，想必是不会得到很好的画质的；"罗伯特"相机的第二个特点是设计了发条卷片上弦的机构，这肯定是与汉斯·吉尔菲特钟表匠的身份有关系，直接移植了钟表发条储能驱动的现成思路，一九三几年的时候就实现了小型相机卷片上弦的"自动化"。

　　到了二十年后的20世纪50年代初，汉斯·吉尔菲特开了自己的工厂还在设计照相机，思路还是停留在135方画幅底片上面，但是这一回他的新作确是当时最为时髦的单反照相机了，取景没有视差，相机可换镜头，汉斯·吉尔菲特把这个相机的设计交给了生产收音机（后来制造了很多高级的摄影闪光灯）的美兹公司制造"米卡弗莱克斯"的机身，镜头则由汉斯·吉尔菲特自己的工厂制造。书上说"米卡弗莱克斯"相机的标准镜头有两种，一种是40mm 1:3.5，另一种是40mm 1:2.8。除此之外，有的书上说还有一种105mm 1:4的长焦距镜头，至于是否制造了与"米卡弗莱克斯"相配套的广角镜头则无从考证。但是在照相机生产到两千多台的时候，美兹公司的产品转型，"米卡弗莱克斯"就此停止了生产，所以在半个多世纪之后再找到这种相机的概率真是不大了。

"米卡弗莱克斯"的体积只有100mm×60mm×65mm
的大小,机械式镜间快门,复杂的单镜头反光结构,打开相机
的顶盖是向下看的腰平取景器,在毛玻璃上看到的影像左右
是反向的,那时候的单反照相机都是这样取景,只有蔡司公司
在1953年的德国科隆世界影像博览会上展示了具有屋脊五棱
镜平视取景的135单反照相机的样机。也正是在这一年,"米卡
弗莱克斯"出品上市。

我是在法国南部见到了"米卡弗莱克斯"相机,是在那里我
"蒙"出了这个小相机的少许来历,也引得熊猫老弟的一直惦
记……

MECAFLEX

相机碎记

MECAFLEX

我知道的135

　　总是说135照相机出现在一百一十一年前，但实际上135照相机的称谓应该始于1934年。"135"原本是美国柯达公司当时的一种胶卷产品的编号，在这之后使用这种胶卷的照相机都被称为135照相机。那么之前此类型的照相机又应该得到怎样的称呼呢？我还真没有认真想过这件事情，以前在摄影杂志上似乎统称为"35毫米胶卷照相机"。

　　据说135胶卷源自于19世纪末出现的一种电影胶片，这种35毫米宽度两侧打孔的电影胶片的规格是爱迪生实验室使用柯达一段70毫米宽的胶片裁切后确定的。而拍摄电影底片的画面规格也在那时被确定为每帧18mm×24mm。

据说使用35毫米电影胶片用于拍照的照相机最早出现于英国,取得专利的三位英国人分别是Leo、Audobard和Baradat,注册的时间是1908年,依据这一点我们可以推算出35毫米胶卷相机到现在的时间。

据说在1913的时候法国生产的Homeeos立体相机使用的就是35毫米电影胶片,这是第一种规模化生产的35毫米胶卷相机。

据说1914年美国生产的35毫米胶卷相机已经开始用于拍摄24mm×36mm的底片了。

据说在最初的那段时间里,虽然很多相机都已经使用35毫米电影胶片拍摄照片了,但是却一直没有一个统一的暗盒和胶卷长度尺寸的规制,直到1931年美国伊士曼·柯达公司收购了德国斯图加特的A·NAGEL公司之后,在该公司创始人奥古斯特·纳格尔(August Nagel)博士倡导之下,柯达公司依照35毫米电影胶片制造出标准规格的照相机用胶卷,其编号为

135号。而第一种使用135胶卷的照相机则是德国柯达公司（即被收购后的A·NAGEL公司）在1934年出品的"莱汀纳117"。

使用135标准暗盒胶卷的相机都可以被称为"135照相机"，当然也可以将这整整一个多世纪以来使用35毫米电影胶片拍摄照片的照相机统统称为"135照相机"或"35毫米胶卷照相机"。

在其后半个多世纪的时间里面，135胶卷也出现了许多变种，例如在标准的36张基础上，又出现了24张、12张、10张、8张，以至72张等包装的135胶卷，至20世纪80年代，135胶卷的暗盒上出现了DX编码，用以适应照相机以及冲扩机的自动化需求，有DX编码的135胶卷还可以把感光度"告诉"照相机的测光装置。

135照相机是摄影术发明以来品种最多、产量最大的银盐胶卷照相机品种，仅底片的画幅就多达十余种。除了24mm×36mm的"标准画幅"之外，照相机的设计师们还设计出如24mm×18mm、24mm×32mm、24mm×34mm、24mm×24mm、24mm×58mm等不同比例画幅尺寸的

135照相机。而135照相机涉及的领域，也涵盖了从生活摄影直到各种专业摄影的诸多方面，同时135照相机为照相机的小型化，为摄影术的普及做出了贡献。

其实在135胶卷出现之后，还有很多其他规格的胶卷也颇为流行，比如120、828、126、110等，但是哪一种胶卷都没有像135胶卷那样受到如此的欢迎。就算是在20世纪90年代诞生的智能化小型胶卷APS(先进摄影系统)，也没能动摇135胶卷的地位。

135照相机在我国的普及大概从20世纪80年代开始，是伴随着彩色照片扩印机的应用而普及的。在此之前，由于135底片放大照片的不方便，135照相机大多只是新闻记者在使用，家庭之中拍摄照片使用得最多的还是120胶卷相机，因为120底片的面积可以直接印像出照片观看而不必放大。但是有了彩色扩印机之后，135照相机一下子就普及了，而不同品种的135照相机对于摄影创作的进步也起到了很大的作用，尤其是135单反照相机的进入。

在进入到数码影像的时代后，135照相机的使用价值已渐消失，但依然有摄影朋友在用它体味银盐摄影的奥秘，而135照相机又可以成为我们梳理摄影技术、摄影文化发展历程的珍贵资料。

135胶卷

如前所述，135胶卷来源于35毫米宽且两侧打孔的电影胶片，但是在很长的一段时间里面，却只有带有衬纸后背的120胶卷才被称作"胶卷"，而135则被排斥在外。这个现象的原因有多种解释，我以为120胶卷在135胶卷之前就已经是一种公认的成熟产品，而135胶卷来自于电影领域，并非定制的感光材料，所以一直以"代用品"的身份应用于摄影领域，所以不被承认倒也情有可原。

早期的35毫米胶卷照相机确实都是使用裁切的电影胶片，将它装进一个密闭的金属暗盒，抽出一段再插入另外一端的卷片轴上进行拍摄。那个时候不同品牌的照相机使用的暗盒虽然说是大同小异，但实际的规格却并不相同，这种情况大概一直延续到1936年柯达大批量生产135胶卷为止，现在我

们还能够在二手相机市场中找到式样各异的35毫米胶卷暗盒。从柯达批量生产135胶卷以后，我们见到的135胶卷暗盒就有了基本一致的规格，包括金属暗盒和用各种合成材料制造的135胶卷暗盒。

标准的135胶卷为170厘米长，宽度就不用说了，可以拍摄36张24mm×36mm大小的底片。关于这个标准的135底片画幅，据说其来历仍然与电影有关，电影的标准画幅是24mm×18mm，而当时胶片的颗粒度没有办法让摄影者满意，加上放大照片的器械也还都不成熟，所以只有加大底片的面积才能够解决画面粗糙的问题，以至于将底片的面积加大一倍才可以达到实用的目的，24mm×36mm的画幅尺寸由此而来。

但是在发展的过程当中，仍旧有不守此律的相机设计，比如英国的"罗伯特"相机一直坚持24mm×24mm的正方形画面，以至于这种相机以此出名。再比如尼康早期的S1型135照相机，其底片的尺寸为24mm×32mm，传闻是为了避免与徕卡相机重复。当然像20世纪90年代哈苏XPan设计的24mm×58mm底片尺寸，也必须将其视为135照相机的一种衍生品种,这种画幅的设计理念仍然出自于哈苏的120照相机。

　　打开每一种现代135照相机的后盖,一般都可以在您的右手一侧靠近底片画框的位置上看到一个控制胶卷行走的轴,上下各有8个齿,俗称"8牙轮"。135胶卷的齿孔和轴上的齿结合在一起,胶卷每次卷过8个齿孔,8牙轮便锁止不动,按下快门之后才解锁输送胶卷向前再次行进下一个画面,以此控制胶卷上的画面均匀排列。您可以随便找一张标准画面的135底片看一下,肯定是8个齿孔一张底片。

照相机

通常说到照相机的种类,大多以照相机的取景方式进行简单的分类,现代银盐胶片的照相机一般可以分为直接取景照相机、旁轴取景照相机、双镜头反光照相机(其实这是另一种形式的旁轴取景照相机)和单镜头反光照相机四种类型,而这四种不同类型的照相机在135照相机中都有体现。比如用于科学记录的135照相机很多都必须在拍摄之前打开相机后盖用一块取景毛玻璃进行焦距的调整,这当然算是直接取景的照相机了。

早期的135照相机中旁轴取景的品种最多,代表性的品种当数德国的徕卡与蔡司的康泰时,135单反照相机的出现还是后来的事情。35毫米胶卷单反照相机最早出现在苏联,品牌是斯波特(Cnopm,就是英文的Sport,意译运动),另有传说最早的135单反照相机是德国依哈哥(Ihagee)公司生产的爱克山泰(Kine Exakta)。而135单反照相机真正成为照相机王国中的统治者,则是20世纪50年代尼康等日本高级单反照相机品牌出现之后的事情。自那个时候开始,135单反照相机一路上升, 至20世纪90年代微电子技术的介入, 这种相机的制造技术到达了顶峰。现在我们正在使用中的各种单镜头反光数码照相机, 一直延续着135胶卷单反照相机的规格与技术, 只不过更换了感光元件而已, 过去用的是135胶卷, 现在换成了电子影像传感器。

　　能够查到的135双镜头反光照相机不是太多, 这种相机由于体积以及操作方面的问题并没有普及开来, 流传下来的135双反相机中也有精品, 那就是知名的康泰时弗莱克斯, 这是一种昂贵的135双反照相机, 据说当时可以用这样的一台相机换来一所房子!

后记

用了数月的时间完成了本书的写作，这也让我再一次捋清了135照相机这一个世纪发展演进的脉络，使我回忆起在135胶卷相机时代的诸多摄影往事。由于对照相机的兴趣，在累积了若干资料之后，我对于135照相机的崇敬之情油然而生。原来这135照相机是如此的由来，原来这135照相机的品种是如此的庞大，原来这135照相机在百多年的照相机发展史中竟然是如此的重要，原来这135照相机的历程竟然是如此的辉煌。

书中所提到的135照相机似乎没有那些名贵顶级的珍品相机，但我所使用或收集的135照相机在这里都有着当时实际的用途、真切的情感和值得忆起的故事。感谢好友李杰、常人、张伊华、张鹏凯为本书拍摄了精致的插图，感谢陈京先生及祥升行照相馆为本书的写作提供了相机实物，感谢设计师张晶为我设计了这本书，感谢各位的阅读！